分布式微电网
先进控制技术

范 辉 胡长斌 马 瑞 罗珊娜 编著

中国电力出版社
CHINA ELECTRIC POWER PRESS

内 容 提 要

本书是一本偏重理论性阐述、图文并茂的指导类教材。本书以面向分布式能源为主的区域能源互联网多智能体配电网的分布式控制理论与技术进行可持续探索和实践,以实现区域能源互联网多智能体配电网功能分解及区域划分,含分布式多能源接入的能源互联网耦合供能系统故障定位与协同容错控制策略,提出面向区域能源互联网的多能源集群调控与能量管理技术等三个方面的目标出发。通过小型区域能源互联网及城市级能源互联网的能效分析场景应用,提升区域能源的规划设计、诊断分析、方案制定、项目运营、优化控制的全业务链能力,最终实现区域能源互联网内和网间各能源系统的无缝对接,进而有力支撑广域综合能源系统,最后通过示范应用验证研究成果的有效性。

本书适合广大电力或者综合能源行业的科研工作者、工程技术人员、管理人员、运维人员及高校电气工程与自动控制专业师生参考使用。

图书在版编目(CIP)数据

分布式微电网先进控制技术 / 范辉等编著. —北京:中国电力出版社,2020.12
ISBN 978-7-5198-4910-8

Ⅰ. ①分… Ⅱ. ①范… Ⅲ. ①配电系统–智能控制–分布控制–研究 Ⅳ. ①TM727

中国版本图书馆 CIP 数据核字(2020)第 163312 号

出版发行:中国电力出版社
地 址:北京市东城区北京站西街 19 号(邮政编码 100005)
网 址:http://www.cepp.sgcc.com.cn
责任编辑:陈 倩(010-63412512) 马雪倩
责任校对:黄 蓓 李 楠
装帧设计:郝晓燕
责任印制:石 雷

印 刷:北京天宇星印刷厂
版 次:2020 年 12 月第一版
印 次:2020 年 12 月北京第一次印刷
开 本:710 毫米×1000 毫米 16 开本
印 张:13
字 数:215 千字
印 数:0001—1000 册
定 价:58.00 元

区域能源互联网是指在一定区域内以电、热、气为能源载体，具有多种源、网、储、荷技术组合的综合复杂区域能源系统。随着区域边界的变化，区域能源互联网既可能表示为以分布式能源为主的多种能源小型区域配送网络系统，也可能定义为集产/输/配为一体的大型城市级能源网络系统。区域能源互联网是广域能源互联网络的重要支撑，但是区域能源互联网中的各能源系统内在的物理特性、市场机制、信息化和自动化水平有着显著的区别，统筹互联互济区域中的各类能源技术组合的协同规划和管理运营所产生的复杂性也会随着区域范围的扩大以几何倍数增长，给区域能源互联量的多能源集群调控与能量管理技术提出了问题和挑战。目前关于区域内能源间协作以及区域与广域能源互联网的协作模式的研究仍处于初期阶段，需要首先解决区域内部多能源集群调控与能量管理问题，才能完成区域内自治—区域间交互—全局协调的交互机制，确保广域能源互联网的不间断供能，为广域综合能源系统提供有力的支撑和服务。友好互动的区域能源互联网多智能体配电网分布式控制理论和技术，以及支撑能源市场的智能能量管理体系是解决问题的关键技术手段。

因此，有必要在对电力系统调频与建模仿真、控制优化的机理深刻理解的基础上，深入研究区域能源互联网多智能体配电网建模理论与协同容错控制策略的一系列理论与技术问题，实现清洁能源宽频测量、广域感知、发电能力预测和实时控制技术，建立源、网、荷广泛互联，友好互动的智慧电网运行控制系统和支撑能源市场的智能调控体系，实现区域能源互联网内和网间各能源系统的无缝对接，进而有力支撑广域综合能源系统，为指导智能电网系统在调频辅助服务中的应用和定位提供技术支持。

针对以上问题，国网河北省电力有限公司电力科学研究院在北方工业大学的大力配合下，在多能源分布式发电理论、分布式综合能源集群协调控制技术开发方面做了大量的理论研究和实践探索。研发团队立足自主创新，历时 4 年，实现了基于广域态势感知的综合能源能效评价与控制性能优化方法、提升电网稳定性的综合能源集群协调控制方法、源网荷综合能源调度分析方法、系统及终端设备等关键技术的研究。构建了基于云—网—边—端架构的综合能源集群运行控制系统，将建模仿真、控制方法优化验证、投运部署应用等功能进行一体化集成，并研制了综合能源智慧控制器和低功耗、小型化、高可靠性的无源取能智能信息感知器等配套软硬件装备，解决了区域能源互联网内和网间各能源系统综合能源互联互济集群调控亟须解决的优化调控、信息交互、智能运维等方面的难题。

本书具有较强的针对性、实用性和可操作性，可作为广大电力或者综合能源行业的科研工作者、工程技术人员、管理人员、运维人员的工具用书，也可作为高等院校电气工程与自动控制专业师生的学习用书。

本书在编写过程中，得到了有关领导及专家的支持与指导，在此一并致谢。由于编者水平所限，谬误欠妥之处在所难免，敬请读者批评指正。

编者

2020.11

目　录

从 2015 年 7 月国务院印发《关于积极推进"互联网＋"行动指导意见》提出"互联网＋"智慧能源行动，到 2016 年 2 月国家发展和改革委员会（简称国家发展改革委）等联合印发《关于推进"互联网＋"智慧能源发展的指导意见》，再到 6 月国务院常务会议审议国家能源局《关于实施"互联网＋"智慧能源行动的工作情况汇报》，以及 7 月 4 日国家发展改革委、国家能源局进一步发布《关于推进多能互补集成优化示范工程建设的实施意见》。能源互联网在相关方面推动下，逐渐步入试点落地阶段。

多智能体微电网是能源互联网的一部分，涉及多个能源环节，且形式、特性各异，既包含易于控制的能源环节，也包含具有间歇性和难以控制的能源环节；既包含难以大容量存储的能源，也包含易于存储和中转的能源；既存在能源产生端的协同供给，也存在能源消耗端的协调优化。多智能体微电网的特性包含以下几个方面：

（1）多能互补。为满足区域内复杂的用户负荷需求，面向多智能体微电网范围内布局大量分布式能源设施，种类涵盖分布式冷热电三联供（combined cooling heating and power，CCHP）、热电联产（combined heat and power，CHP）、光伏发电、太阳能集热、制氢站、地源热泵等多种形式，构成集电、热、冷、气等多种能源形式的复合供应系统，有效实现能源的梯级利用。同时，面向多智能体微电网为各类分布式能源接入提供即插即用的标准接口，不过这也给能源互联网的优化和控制提出了更高要求。为此，气-电间协调规划、可再生能源发电技术（power to gas，P2G）技术、V2G 技术以及燃料电池技术等推动多能融合的技术会在未来发挥更为重要的作用。

（2）双向互动。多智能体微电网将打破现有的源—网—荷的能源流动模式，形成自由双向可控的多端能源流动模式，分布式的能源路由器将使得区域内任意节点的能源互联成为可能。能源转换站或能源集线器的设置将使原有热力公司、电力公司和燃气公司之间的行业壁垒被打破，装备分布式发电设备的居民有望与其他能源供应商一道参与能源互联网的能源供应。未来，伴随电动汽车行业的快速发展，以智能电动汽车为主体的交通网络也将融入现有能源互联网模式中。

（3）充分自治。区别于传统的能源利用格局，多智能体微电网充分利用区域内各类能源资源，构建区域内自给自足的能源体系，充分消纳区域内部的分布式能源，实现各类能源设施的高效利用。同时，作为主干能源互联网的基本组成部分，多智能体微电网与主干能源网络之间保持双向可控的能源流动形式，借助大型主干能源网络与其他多智能体微电网间进行能源和信息的双向交流。

综合上述特点，多智能体微电网的主要特征是利用"互联网＋"思维对能源网络进行重置，实现能源与信息的高度融合，推进能源网络信息化基础设施的建设。通过引入在线交易平台、大数据处理等技术，能源互联网将充分挖掘能源生产、传输、消费、转换、存储等大量信息，借由能源需求预测、需求侧响应等信息挖掘技术指导能源生产和调度。

本书研究高密度异质柔性交直流混合微电网、热泵（地源）、储能、火电厂、燃气轮机和厂区、居民负荷等组成多智能体微电网系统对运行产生重要影响的相关因素，并进行量化分析和关联建模，进而面向终端能源互联网与区域能源互联网的电能管理控制策略并开发相应的控制装置。在综合考虑多类型分布式能源和负荷特性的网络架构的基础上，深入研究柔性交直流混合多智能体微电网、热泵（地源）、储能、火电厂、燃气轮机和厂区、居民负荷多能源运行的方法，提出适应于面向终端能源互联网与区域能源互联网的协调优化控制技术，以达到降低网损、提高能源利用效率、节能减排等目标。

19世纪中后期，日本在进行第二次工业革命时，建成了很多多种终端用能综合优化的工业园区，大幅度提高了用能效率。欧洲一些国家，例如丹麦，在19世纪70年代以前，约93%的能源消费需要依赖进口，但从1980年起，经过两次能源革命，丹麦把发展低碳经济置于国家战略高度，并制定了适合本国国情的能源发展战略。在森讷堡甚至整个丹麦都大量采取了区域能源战略，并取得了成功。丹麦通过自己的成功案例，向世界呈现了区域综合能源系统的优越性。而我国近30年才开始经济腾飞，第一次工业革命所标志的工业化和城镇化还在进行之中，目前很难摆脱对于化石燃料的依赖，这也是中国发展区域能源较晚的历史原因。但是，随着清洁能源利用技术的提升，以及能源结构改革步伐的推进，多能互补综合能源相关技术研究与工程示范项目的建设在我国也在逐年增多，并取得了显著的成果。20 世纪初，国际区域能源协会成立。伴随着这一百年来的工业化进程，美国建立了大批百兆瓦级的工业或社区区域能源系统。

美国在 2003 年提出了综合能源系统发展计划—Grid 2030 计划，该计划指出分布式的智能系统，包括核能、可再生能源、结合热力和电力等分布式能源设备，将提高现有系统的功能、效率、安全性和运行质量，并使电网结构发生改变，不但使输电的效率得到提升，而且市场运作的效能也将有所改善，最终形成高质量且安全的美国电源网络。远景目标实现的第一阶段包含促进热电联供（combined heating and Power，CHP）技术和分布式能源（distributed energy resources，DER）的推广应用以及提高清洁能源使用比重；第二阶段包含形成即插即用的分布式用能用户和形成"全能源"系统（电力、供热、制冷及湿度控制），将分布式发电分布式资源技术完全整合到配电系统中。

欧洲也很早就开展了综合能源系统的相关研究，并通过具体的示范工程进行了有效的验证。通过欧盟框架项目，欧洲各国在此领域开展了大量的研究工作，并取得了显著的成果，如区域未来计划（district of future）、微电网普及计划（microgrids & more microgrids）、地平线 2020（horizon 2020）研究和创新框架计划（Research and innovation Framework）。其中，区域未来计划是欧盟第七研发框架计划（FP72007—2013）下的子项目，该子项目促进欧盟委员会（European Commission，EC）2020 能源和气候变化的目标：20%的能源来自可再生，增加20%的能源效率，减少 20%的温室气体排放。

除了在欧盟整体框架下对该领域进行的研究外，欧洲其他各国还根据自身需求和国情发展进行一些特色研究。以英国为例，英国工程与物理科学研究会（Engineering and Physical Sciences Research Council，EPSRC）也一直在这一领域有所研究，开展并助推了大批该领域的科研项目与实施计划，涉及可再生能源并网稳定性研究，多能源网络间运行的安全性、经济性、协调性研究，能源与交通系统和基础设施的相互影响以及建筑能效提升等诸多方面。该研究会与我国也有多项合作项目：低碳城市分布式集中供能能源网络研究（上海交通大学& 布鲁内尔大学）、具有进化适应特征的低碳区域能源系统关键问题研究（天津大学& 贝尔法斯特女王大学)。此外,英国政府 Innovate UK 部门设立 Energy System Catapult 等计划,促进了综合能源研究领域科研成果与工程实际的结合。

日本国土面积狭小,能源严重不足,主要依赖进口,使多能源系统成为最迫切的建设,以使国内能源供给压力得到缓解。在政府的大力推动下,日本从不同方面对综合能源系统开展了大量研究,如日本新能源产业技术综合开发机构(The New Energy and Industrial Technology Development Organization,NEDO)开展的智能社区和智能多智能体微电网研究、东京燃气(Tokyo Gas)公司开展的综合能源网研究等。

在我国,针对基于多智能体微电网的综合能源系统的研究属于蓬勃发展阶段,但随着国家各种关于能源结构调整以及综合能源利用的相关政策的提出和各种工程项目的资助,综合能源利用在我国将呈现出一股研究热潮与很好的实践远景。在《国家中长期科学和技术发展规划纲要(2006—2020 年)》中,重点强调了要深入研究基于化石能源供应的微小型燃气轮机及新型热力循环等终端的能源转换技术、能源存储技术、热电冷联合系统等综合技术,形成基于可再生能源和化石能源互补的微小型燃气轮机、储能设备以及冷热负荷供应设备的混合分布式终端能源供给系统。2016 年《国家能源局关于推进多能互补集成优化示范工程建设的实施意见》(发改能源〔2016〕1430 号)指出,建设多能互补集成优化示范工程是构建"互联网+"智慧能源系统的重要任务之一,有利于提高能源供需协调能力,推动能源清洁生产和就近消纳,减少弃风、弃光、弃水限电,促进可再生能源消纳,是提高能源系统综合效率的重要抓手,对于建设清洁低碳、安全高效现代能源体系具有重要的现实意义和深远的战略意义。《实施意见》提出建设目标:2016 年,在已有相关项目的基础上,推动项目升级改造和系统整合,启动第一批示范工程建设。"十三五"期间,也明确提出了建成 20 项以上国家级集成供能示范工程等项目指标。各省(区、市)也应响应政府号召,建设相应的产业园区,实施能源综合梯级利用改造;建立国家级风、光、水、火、储多能互补示范工程,有效控制弃风、弃光率,提升能源的利用效率。2017 年 1 月 25 日,国家能源局公布了首批 23 个多能互补集成优化示范工程项目,包括北京丽泽金融商务区、张家口"奥运风光城"、渭南富平多能互补集成优化示范工程等 17 个终端一体化集成供能系统以及 6 个风光水火储多能互补系统。随着"十三五"规划的推进,我国对于多能互补综合能源系统的研究加大力度。

　　我国的国家自然科学基金、863 计划、973 计划等均对该领域制定了相关研究内容，助推了该领域研究项目的实施，并与该领域技术领先的国家，如新加坡、德国、英国等进行合作交流，合作内容包括学习基础理论、交流关键技术、引进核心设备和共建工程示范等多个方面。以上研究合作提高了我国在该领域的研究水平，补充了我国在该领域的技术空白，解决了我国在能源领域迫切需要解决的问题，促使我国的大型企业（如国家电网有限公司与国网南京供电公司）和大批高等院校及科研院所（如天津大学、西安交通大学、华南理工大学、上海交通大学、中国科学院）加强对综合能源系统领域的研究。

　　对综合能源系统的研究，主要从以下几个方面开展：基于能源集线器（energy hub，EB）的综合能源系统模型的建立；综合能源系统的解耦；综合能源系统混合潮流模型的建立与求解；综合能源系统混合潮流分析等。

　　从目前区域综合能源利用关键技术的研究来看，当前研究主要存在以下几方面问题：

　　（1）对于独立供能（如电力、热力、燃气等）系统，相关能源设备以及能源网络的建模研究已较为完善，这些设备如何在一个统一系统框架下进行有效集合，并且能够分析系统间不同特性的相互影响，是目前研究工作的重点。随着能源生产及利用方式的不断丰富，以及可再生能源的大范围建设，上述建模过程将越来越复杂。之前的研究主要是在电力系统开展的，电力系统之外的能源环节则大大简化，因此建立综合能源系统模型仍然是该领域研究的重点。

　　（2）当前研究提出了能源集线器的综合能源控制、转化、存储单元，目前所建立的模型，能够反映相互耦合的两个系统之间的相互影响，但是能源的优化分配模型过于简化，可能忽略能源耦合环节的细节问题。

　　（3）潮流分析与经济调度方面已有的研究，对于电力网络的调度模型已经成熟，但是对于电力之外的环节则常常简化，或者对于综合能源系统，仅仅考虑了系统输入的多种能源的成本最小情况下的分配，没有将各能源系统间的相互影响反映到综合潮流中。

　　在上述背景和研究的基础上，分析各独立系统或组件的运行特性，从而研究多智能体和多能源系统相互联结、协同运行时，多种形式的能量之间的相互影响，相互转化的耦合作用；建立相应的、更加全面的模型，同时将这种耦合关系在调度模型中体现，这在综合能源系统的建设与运行中将具有一定的实际意义。

第 2 章

多智能体微电网分布式控制模型理论

长期以来，能源一直是国民经济和社会发展的基础和前提，电力作为清洁便利的二次能源形式，直接影响国民经济的可持续发展。一方面，传统火力发电大量消耗煤炭、石油、天然气等不可再生能源，造成资源匮乏的同时增加温室气体排放量；另一方面，随着电力需求迅速增长，火电、水电以及核电等大型集中式生产基地和高压远距离输送的方式，对电力系统安全性和可靠性带来更大的挑战。因此，近年来，分布式发电因其环保、灵活性高和高效节能等优点逐渐受到世界各国的关注。

分布式发电通常是指布置在用户附近，发电功率在几千瓦至数百兆瓦的小型模块化、分散式的高效、可靠的发电单元，主要利用太阳能、风能等可再生能源和本地可方便获得的天然气等燃料进行电力生产，同时本地消纳、就近供电。位置灵活、地点分散的布置分布式发电，符合电力系统中负荷分布大、生产资源分布范围广的特点，可降低输配电网更新换代频率，从而省去巨额投资。分布式电源作为大电网的备用电源，可将电力用户故障停电概率降到最低。同时，太阳能、风能等可再生能源的充分利用使分布式发电还具有污染少、能源利用率高的优势。

分布式电源（distributed generator，DG）接入电网的最有效手段是多智能体微电网（micro-grid）。多智能体微电网是一种将微型燃气轮机、光伏电池、风力发电机等分布式电源、负荷、储能装置以及辅助设备合在一起的小型发配电系统。虽然由于各国多智能体微电网定义不同，多智能体微电网的结构也不统一，但是对其本质特点的描述是一致的，典型的多智能体微电网结构如图 2-1 所示。根据公共耦合点（point of common coupling，PCC）处静态切换开关（static transfer switch，STS）的状态，多智能体微电网运行模式分为并网运行和孤岛运行两种。将分布式电源组成多智能体微电网运行减少了风能和光伏功率随机性和间歇性对配电网的影响，有助于提高配电系统对分布式电源的接纳能力，提高可再生能源的利用效率。同时，就近供电降低了配电网络损耗，配电网运行方式更加灵活，供电可靠性也得到提升。另外，多智能体微电网是解决偏远地区、海岛和荒漠居民用电的关键。

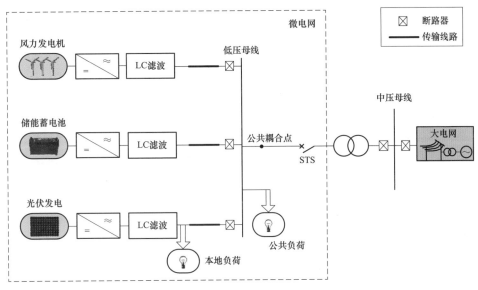

图 2-1　典型的多智能体微电网结构

2.1　多智能体微电网控制方式

多智能体微电网能量控制方式主要分为三类，分别是集中式控制、分散式控制和分布式控制。

2.1.1　集中式控制

集中式控制结构如图 2-2 所示，中央控制器对多智能体微电网中各个分布式节点进行统一的控制与管理，该控制策略具体指每个局部控制器需要收集所有节点的信息，然后通过全网的通信系统将信息汇集到中央控制器中进行统计、处理与计算，最终将处理过的信息按照一定的目标约束分别下发给每个节点，实现对多智能体微电网全局控制。

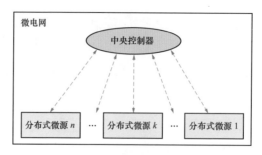

图2-2 集中式控制结构

传统的集中式控制需要保证整个系统通信一致为前提，在优化管理方面由控制中心统一管理使整个系统高效地运行，但是集中式控制也存在一定缺陷：① 集中式控制只适合多智能体微电网拓扑结构确定的小型供配电网，当有节点接入或退出时，多智能体微电网拓扑结构发生改变需要重新进行参数的匹配设计，难以实现节点"即插即用"的功能；② 中央控制器需要收集底层各个节点的相关信息，随着节点个数增多，多智能体微电网结构日益扩大，需要收集的信息也会越来越复杂，造成中央控制器计算量和处理量大，难以保证运行的稳定性；③ 由于中央控制器与底层传输数据需依靠通信系统，对于复杂得多智能体微电网结构中通信设计比较烦琐，一旦某支路通信中断导致数据缺失，从而影响全局的准确性。

2.1.2 分散式控制

分散式控制结构如图2-3所示。分散式控制结构中没有设置收集并计算全局信息的中央控制器，每一个节点对应一个局部的控制器，因此只能完成本地的控制。由于没有设置通信系统而不能与其他节点进行通信，从而无法进行节点间相互协调实现全局优化控制。

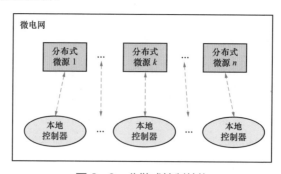

图2-3 分散式控制结构

分散式控制可以实现多智能体微电网中分布式电源的"即插即用"功能，并且将中央控制器的管理权限下发给每个局部的控制器，减少了计算量。但是分散式控制也存在一定缺陷，由于没有设置通信系统从而导致节点间彼此独立，无法进行相互之间的联系，进而难以灵活实现整体的控制。

2.1.3　分布式控制

分布式控制结构如图 2-4 所示。分布式控制没有设置中央控制器，各个节点的地位都是独立平等的。不同于分散式控制策略，分布式控制在相邻节点间建立通信系统，通过相互协调达到设定的目标。

分布式控制具有对周围变化环境快速应变的能力；将控制中心的优化调度任务分散给每个节点的控制器，增强了系统的稳定性；不同于集中式控制，分布式控制适用于拓扑结构灵活的多智能体微电网，任何一个节点的投入与退出都不会影响系统的运行，可以实现节点的"即插即用"功能；分布式控制优化调度主要依靠相邻节点的通信，相对于集中控制减少了对通信系统的依赖，增强了系统的鲁棒性。

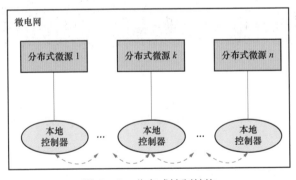

图 2-4　分布式控制结构

2.1.4　多智能体系统中一致性问题

在多智能体系统中协调控制的根本问题就是解决一致性问题。一致性是指选取某个状态为变量，按照一致性规则，最终使各个智能体的状态变量稳定在同一个值。一致性的问题最早来源于生物学家发现的自然界中的一种现象，随着科技的发展，将这种现象应用于不同的领域，解决了很多方面的问题，如蜂拥问题、编队问题、聚集问题以及同步问题。

近年来，各个领域的学者不断深入研究，使得解决一致性问题的方法不断完善，为了达到设定的目标，在多智能体系统中要求各个分布式智能体相互协调，但是由于环境、状态的改变可能导致最终收敛目标与最初设定值存在偏差，因此可以将多个智能体进行分组，实现一个组的智能体状态达到一致，不同组之间可能不满足一致性，这种方法主要应用于无人机编队（如图2-5所示）和无线传感器网络重构等。

图2-5 无人机编队

2.2 分布式多智能体系统

2.2.1 分布式多智能体系统的概念

在自然界中群体活动现象像蚂蚁搬家、大雁南飞等，生物学家由此深入研究、探讨得出结论：在这种群体活动中，每个个体的地位都是平等且不存在领导者，而个体只能获得距离自己最近信息而不能得知全局消息，为了完成共同的目标，需要集体相互协作不断调整自身。这种现象中的生物个体对应在计算机网络中相当于一个智能体，而它们所在的集体成为多智能体系统。

多智能体系统是由大量分布的智能体通过通信网络连接组合的大规模系统，

其中系统中单个智能体以及每个智能体的连接关系是网络中主要考虑的因素。多智能体系统应用在多个领域，每个领域对其定义有所不同，在计算机方面，每一台计算机是一个智能体通过传感器感知环境变化并有执行器做出相应的调整；在无人机编队问题中，每个无人机是一个智能体，由于单架无人机受传感器限制导致目标定位不准确，从而需要多台无人机相互配合完成工作；在控制领域方面，例如解决多个机器人编队问题时，多智能体系统的应用可以减少集中大量的计算负担于单一个体上，将任务分担到每个机器人以提高整体系统的稳定性。

多智能体系统具有自主性、分布性、协调性以及适应性的特点，下面分别对每一个特性进行介绍：

（1）自主性。在多智能体系统中，每个智能体地位平等，根据自身获得的局部信息自主地进行调节。

（2）分布性。在多智能体系统中不存在中央控制器，每个智能体之间是彼此独立的，在多智能体微电网中各个节点的距离相距较远，实现分布式控制策略可以基于多智能体系统框架完成。

（3）协调性。在多智能体系统中，由于单个智能体不能获得全部的信息，但是相邻智能体之间是可以相互通信、相互协调，最终可以实现整体的目标。

（4）适应性。在多智能体系统中，智能体可以适应环境的改变相应做出调整，比如在多智能体微电网中，传统的集中式控制不能实现一个节点的退出与接入，而智能体是可以根据外界需要灵活的调节拓扑结构，实现电力电子的"即插即用"功能。

由于系统中信息是分散的，且单个智能体不能获取系统整体信息，为了实现共同的目标，需要系统中相邻智能体之间相互协调完成任务。基于智能体自身具有独立自主特性，每个智能体在协调过程中不受到其他智能体的影响。若实现基于 MAS 框架的分布式控制策略，首先要使系统中每个智能体的状态变量达到一致。在多智能体系统中，针对不同的拓扑结构和节点之间的连接方式设计不同的控制结构：① 多智能体系统分层式结构（如图 2-6 所示），根据设定的目标不同多智能体被分为不同的层次，其中底层智能体采集数据，顶层为了将收集数据进行处理；② 多智能体系统分布式结构（如图 2-7 所示），每一个智能体收集局部信息，通过协议相互通信完成设定目标；③ 多智能体系统混合式结构（如图 2-8 所示）集合了前两种控制方式的结构，适用于节点个数多且结构复杂的大型电力系统。

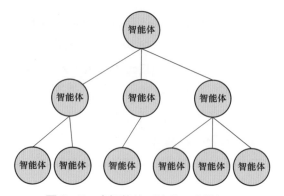

图2-6 多智能体系统分层式结构图

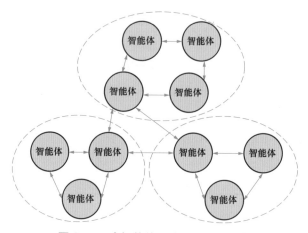

图2-7 多智能体系统分布式结构图

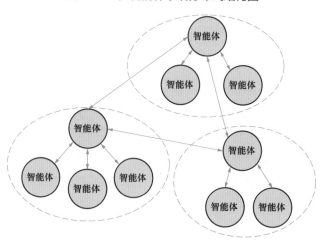

图2-8 多智能体系统混合式结构图

2.2.2　分布式多智能体系统在微电网中的应用

多智能体微电网的投入运行首先提高了可再生能源的接入比例，使整个系统成本降低且对环境污染减小；其次通过不同并/离网控制模式提高电能的利用率；最后采取合理的控制策略并充分利用储能单元灵活充放电功能，可以提高电能质量，保证多智能体微电网安全、可靠运行。

在多智能体微电网能量管理领域上主要考虑将负荷按照经济效益最优方式进行分配的问题，而实现经济分配实质要考虑发电功率约束、线损以及供需功率平衡等问题。线性规划、二次规划以及非线性规划等都是传统求解经济调度（economic dispatch，ED）的方法，这些方法都要通过传统集中式控制求解，通过中央控制器收集系统中所有参加优化运算的数据，随着多智能体微电网的不断扩大，参与计算的数据也会越来越复杂，随之也大大提高了对中央控制器精确、稳定性等要求，但是集中式控制对于节点的"即插即用"功能难以实现。分布式控制是与集中式控制相对的一种控制策略，求解分布式问题是将一个总的问题分解成若干个子问题，这样可以把解决一个问题的复杂度降低，分散的子问题更容易解决，其中比较重要的一点在没有全局控制和全局数据的情况下，需要各个子系统根据自身获得信息按照一定的规则相互协调，实现个体之间的合作关系。

上一节介绍多智能体系统符合分布式控制结构，在多智能体微电网中每一个分布式节点对应 MAS 中的一个智能体，多智能体在多智能体微电网中应用于多个方面：

1. 分布式协调控制

随着多智能体微电网不断发展，结构规模日益复杂，需要处理的数据信息也会越来越多，传统的控制方式满足不了大量数据需求，人们开始利用基于多智能体系统分布式控制方式解决信息量大、繁重等问题。

2. 故障诊断

由于系统故障将对多智能体微电网系统造成严重的经济损失，利用故障诊断是确保多智能体微电网稳定运行的前提，传统故障诊断方法基于集中式控制架构不能得知系统的全部信息，因此给系统故障的检测与定位带来困难，而分布式控制的引入实现了对全局系统信息的监控，提高了故障诊断效率。

3. 分层控制

为了实现对复杂多智能体微电网系统的控制，可以根据不同控制目标如电能质量、经济性、安全性提出一种分层控制策略，国内外学者将多智能体微电网的控制分为三层，初级控制一般对多智能体微电网底层逆变器控制采用下垂控制策略或者 PQ 控制策略；二级控制一般无差调节，协调初级控制造成电压、频率偏差；三级控制一般为经济调度层，实现系统经济运行的最优目标。这种分层控制策略能够最大限度实现各个节点的自主权，利用本地信息完成局部控制并通过相邻智能体之间协调满足全局的控制目标。

4. 无功、电压控制

多智能体微电网在孤岛运行模式下，由于缺少大电网的电压支撑且受限于各个节点自身调节的能力以及需求侧负荷不可控等因素，若负荷变化比较大可能造成电压波动不稳，若不能保证系统无功功率的平衡也会造成电压波动。为了实现多智能体微电网稳定运行，基于多智能体系统的分布式控制策略实现了对系统无功、电压的控制。

2.3 基于分层控制的微电网控制策略分析

2.3.1 分层控制简介

借鉴电力系统三次调频的经验，针对不同的时间尺度，将多智能体微电网分层控制定义为大时间尺度、中时间尺度、小时间尺度三层，如图 2－9 所示。

零级控制采用电压电流双环控制器，通过设计滤波器和控制参数，提高节点输出电能质量并减少谐波含量，同时限制故障电流，增加可再生能源发电系统鲁棒性，最终按照多智能体微电网一级控制的要求输出功率，时间尺度为毫秒级。一级控制基于逆变器出口功率信息，按照功率下垂特性，使节点按照能量管理系统（energy management system，EMS）下达的功率调整值和下垂特性曲线按容量承担系统中的实时负荷功率波动，调整级别为秒级；零级控制和一级控制只需逆变器本地信息，节点之间不交换信息。

二级控制功能有：① 通过统一下发指令保障多智能体微电网母线电压质量。② 根据系统状态合理选择并离网运行。当系统中负荷波动较大时，各节点根据下垂特性达到稳态后的母线电压和频率稳定在额定范围的边缘，此时需参照电力系统二次调频，上下平移下垂特性曲线，即改变下垂控制器空载频率和空载电压，将系统的电压幅值和频率维持在额定值附近；同时，二级控制还需根据多智能体微电网内功率平衡状况和故障状况，将多智能体微电网投入或切出配电网。由于母线电压的采集不在逆变器本地完成，需中央控制器采集后统一下发控制指令，因此二级控制属于集中式控制。由于二级控制只需上下平移下垂特性曲线，对实时性要求较低，二级控制调整级别为分钟级。

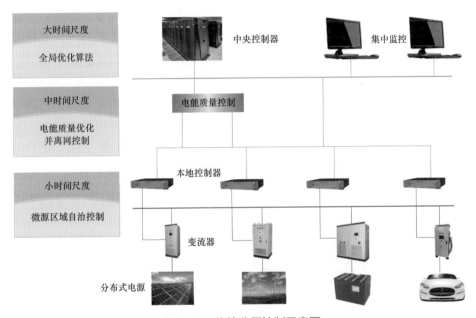

图 2-9　传统分层控制示意图

经过一级和二级控制，多智能体微电网内供需功率可达到实时平衡，且母线电能质量维持在规定范围内。多智能体微电网三级控制的作用是综合考虑多智能体微电网内可再生能源发电的功率预测、负荷需求预测、实时上网电价、燃料价格、线路功率损耗、蓄电池剩余电量等信息，确定各节点承担波动功率的比例和多智能体微电网的并离网状态，实现多智能体微电网系统的安全经济运行，因此三级控制即为多智能体微电网的能量优化管理。三级控制时间尺度最长，可达小时级和天级。由于三级控制是一种优化求解过程，不是本文的研究重点，后面将不做讨论。

总之，分层控制结构符合分布式控制的思想，可实现不完全依赖通信而达到全局最优的目标，具有冗余度高、易扩展、即插即用的优点。因此，分层控制是一种有前景的控制方式。

2.3.2 传统分层控制原理

由 2.3.1 节分析可知，传统分层控制的一级控制，本质上是基于下垂特性的逆变器控制策略，这里主要介绍传统的二级控制原理。

旨在恢复母线电压质量的二级控制功能，由 MGCC 收集各节点的相关参数信息，再将指令通过低速通信线下达各节点。传统的二级控制在孤岛时，为使母线电能质量满足要求，多智能体微电网电压和频率恢复的二级控制器如下：

$$\delta f = k_{p\omega}(f_n - f) + k_{i\omega}\int(f_n - f)\mathrm{d}t$$
$$\delta U = k_{pE}(U_n - U) + k_{iE}\int(U_n - U)\mathrm{d}t \tag{2-1}$$

式中 $k_{p\omega}$——频率比例系数；

$k_{i\omega}$——频率积分系数；

k_{pE}——电压比例系数；

k_{iE}——电压积分系数；

f_n——多智能体微电网额定运行频率，Hz；

f——多智能体微电网实际运行频率，Hz；

U_n——多智能体微电网 PCC 端额定电压，V；

U——多智能体微电网 PCC 端实际电压，V。

MGCC 将所得频率和电压控制信号 δf 和 δU 作为偏移量统一发送给所有节点，各节点下垂曲线将上下平移，系统将稳定在 PCC 端电压和频率额定点，完成二次调压调频。

当多智能体微电网由孤岛转入并网时，由于逆变器抗过压和过流能力较小，若直接依靠配电网将多智能体微电网拖入同步，则将产生很大的瞬时冲击电流和过电压，对多智能体微电网内的所有节点造成损害。因此，需预先控制多智能体微电网 PCC 处电压与配电网电压幅值相等，相位和频率一致，即预同步过程。预同步原理图如图 2-10 和式（2-2）所示，其中，控制器参数与电能质量二级控制相同，中央控制器通过计算下垂曲线调节参数 Δf 和 ΔU，统一下发给逆变器本地控制器，从而实现预同步过程。

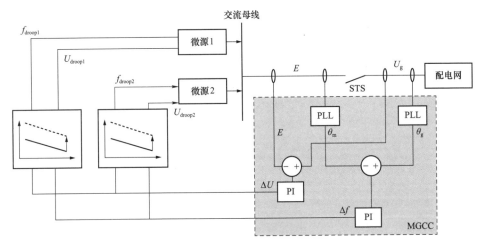

图 2-10　预同步原理图

$$\Delta f = k_{p\omega}(\theta_m - \theta_g) + k_{i\omega}\int(\theta_m - \theta_g)\mathrm{d}t$$
$$\Delta U = k_{pE}(E - U_g) + k_{iE}\int(E - U_g)\mathrm{d}t$$

$$(2-2)$$

式中　$k_{p\omega}$，$k_{i\omega}$——频率比例、积分系数；

　　　k_{pE}，k_{iE}——电压比例、积分系数；

　　　θ_m——配电网电网电压相位，rad；

　　　θ_g——多智能体微电网电压相位，rad；

　　　E——多智能体微电网 PCC 端电压幅值，V；

　　　U_g——配电网处电压幅值，V。

2.3.3　传统分层控制缺陷分析

　　由于传统分层控制中的一级控制本质上是基于下垂特性的逆变器控制策略，因此第 2 章中对多逆变器并联环流的分析在此也适用，逆变器有功功率可实现精确分配，且不受各逆变器等效输出阻抗影响，无功功率将因等效输出阻抗的差异导致无功功率无法实现精确分配。

　　传统二级控制中无功功率调整如图 2-11 所示。根据负荷特性曲线，逆变器出口电压和 PCC 端电压差与无功功率为线性关系，斜率与等效线路感抗成正比，即图 2-11 中斜率为正的曲线 L。设等效输出感抗 $X_1 < X_2$，则 L_1 斜率小于 L_2。

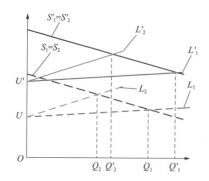

图 2-11 传统二级控制中无功功率调整

以等容量逆变器功率均分为例，为了实现平均分配功率需选取相同的下垂参数，两节点下垂曲线 S_1 与 S_2 相同，S 与 L 的交点即为系统稳态运行点。虚线为二级控制前曲线，可得不同等效输出参数将导致无功功率分配偏差 $\Delta Q = Q_1 - Q_2$。加入传统二级控制后，PCC 端电压升至额定电压 $U' = U_n$。但是，由于二级控制命令同时作用于两节点，相同的下垂曲线平移无法消除功率分配的误差 ΔQ。

因此，虽然传统分层控制有冗余度高，易扩展等优点，但无功功率分配误差是其主要缺陷，本文将分别对两级控制进行改进，最终实现并联逆变器功率合理分配。

2.4 分布式控制模型预测控制理论基础

2.4.1 模型预测控制

模型预测控制是一类基于模型的频繁应用于工业控制领域的计算机控制算法，发展到现阶段具有多种优化和求解形式，但都具有动态预测模型、在线优化控制器、模型输出反馈校正这三项基本的原理。模型预测控制基本原理结构图如图 2-12 所示，图中 $r(k)$ 表示输入，$y(k)$ 表示输出，$u(k)$ 表示控制输入，$d(k)$ 表示扰动，其余表示过程变量。

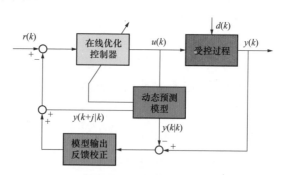

图 2-12 模型预测控制基本原理结构图

2.4.1.1　预测模型

在模型预测控制中，预测模型是被控对象动态性能的体现，其作用是根据历史的信息和未来输入，用于对未来行为进行预测和分析。预测控制只强调被控对象模型的预测功能，其模型的形式可以多种多样通常包括卷积模型、机理模型、模糊（fuzzy）模型、人工神经网络（neural network，NN）和混沌（choas）模型等。由于模型预测控制对于模型的要求比较低，只要能基于当前测量值预测系统未来动态信息，因此广泛应用于难以建立精确数学模型的被控对象，可以根据被控对象功能要求按最方便的方法来建模，从而利用低精度模型设计出高性能的控制器。

2.4.1.2　滚动优化

模型预测控制相较于其他控制算法的优点就是滚动优化，由于在实际系统中采用有限时域的预测，并且预测存在不确定性，我们不能将求解优化问题得到的最优控制率全部作用于系统，而是只执行当前值，在下一个采样时刻，根据更新的系统信息重现求解优化问题，再将最优解的第一个分量作用于系统，如此反复计算，如图 2-13 所示。

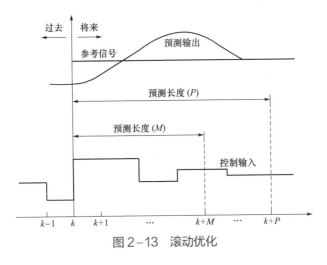

图 2-13　滚动优化

模型预测控制的优化过程是反复在线进行的滚动式的有限时域优化策略，而不是根据全局最优目标一次离线进行离散最优控制。虽然这种优化具有一定局限性，但在全局来看确实是动态优化，不是只进行一次的离线静态优化，而是通过滚动时域的策略来补偿环境不确定性和模型失配等因素等带来的预测误差，对于处理复杂工业环境中的实际对象更加合理有效。

2.4.1.3 反馈校正

反馈校正是模型预测控制实现闭环控制、克服扰动和不确定性影响及减少误差的关键机制，滚动优化策略只有通过反馈校正才能体现出它的优越性。在实际系统和控制过程中，由于模型不准确，预测存在误差，环境中各种扰动的影响造成预测值和实际输出值之间存在偏差，因此预测控制在每一采样时刻利用系统的实际输出，通过各种反馈策略对被控对象的预测输出进行修正或补偿，到下一采样时刻，根据被控对象的实际输出，用修正以后的预测值作为计算最优控制行为的依据，利用实时信息再进行新的优化，从而使控制系统的鲁棒性得到明显的提高。

2.4.2　状态空间模型预测算法

状态方程是描述被控对象的重要工具之一，状态空间方程是现代控制理论的基础，用于描述被控对象特性，在预测控制算法中，由于其能简洁直观地推导出系统的预测方程和动态变化趋势，逐渐被广泛地应用。

考虑线性离散时间系统的状态空间模型如下：

$$x(k+1) = Ax(k) + B_\mathrm{u}u(k) + B_\mathrm{d}d(k) \quad\quad (2-3)$$

$$y_\mathrm{c}(k) = C_\mathrm{c}x(k) \quad\quad (2-4)$$

式中　$x(k)$——状态变量；

　　　$u(k)$——状态输入变量；

　　　$y_\mathrm{c}(k)$——被控输出变量；

　　　$d(k)$——外部扰动变量；

　　　A——系统矩阵；

B_u、B_d——输入矩阵；

　　　C_c——输出矩阵。

引入积分以减少或消除静态误差，将式（2-3）改变为增量模型：

$$\Delta x(k+1) = A\Delta x(k) + B_\mathrm{u}\Delta u(k) + B_\mathrm{d}\Delta d(k) \quad\quad (2-5)$$

$$y_\mathrm{c}(k) = C_\mathrm{c}\Delta x(k) + y_\mathrm{c}(k-1) \quad\quad (2-6)$$

其中：

$$\begin{cases} \Delta x(k) = x(k) - x(k-1) \\ \Delta u(k) = u(k) - u(k-1) \\ \Delta d(k) = d(k) - d(k-1) \end{cases} \quad (2-7)$$

设定预测时域为 p，控制时域为 m，且 $m \leqslant p$。本文做如下假设：① 由于预测系统未来动态需要整体预测时域的控制输入，在控制时域之外，控制量不变，即 $\Delta u(k+i) = 0$，$i = m$、$m+1$，…，$p-1$；② 在当前时刻无法获知干扰的未来取值，可测干扰在 k 时刻之后不变，即 $\Delta d(k+i) = 0$，$i = 1$、2，…，$p-1$。即使未来时刻干扰值发生变化，也将会在反馈环节得到补偿。

在当前 k 时刻，选取 $\Delta x(k) = x(k) - x(k-1)$ 作为新的状态变量。由式（2-7）可以为预测未来时刻的状态如下：

$$\Delta x(k+1|k) = A\Delta x(k) + B_u\Delta u(k) + B_d\Delta d(k) \quad (2-8)$$

$$\Delta x(k+2|k) = A\Delta x(k+1|k) + B_u\Delta u(k+2) + B_d\Delta d(k+2) \quad (2-9)$$

$$\Delta x(k+m|k) = A\Delta x(k+m-1|k) + B_u\Delta u(k+m-1) + B_d\Delta d(k+m-1) \quad (2-10)$$

$$\Delta x(k+p|k) = A\Delta x(k+p-1|k) + B_u\Delta u(k+p-1) + B_d\Delta d(k+p-1) \quad (2-11)$$

同理由输出方程式（2-7）可以预测 $k+1$ 至 $k+p$ 的被控输出：

$$y_c(k+1|k) = C_c\Delta x(k+1|k) + y_c(k) \quad (2-12)$$

$$y_c(k+2|k) = C_c\Delta x(k+2|k) + y_c(k+1|k) \quad (2-13)$$

$$y_c(k+m|k) = C_c\Delta x(k+m|k) + y_c(k+m-1|k) \quad (2-14)$$

$$y_c(k+p|k) = C_c\Delta x(k+p|k) + y_c(k+p-1|k) \quad (2-15)$$

将上述的结果转换为矩阵的形式，定义 p 步预测输出向量和 m 步输入向量如下：

$$Y_p(k+1|k) = \begin{bmatrix} y_c(k+1|k) \\ y_c(k+2|k) \\ \vdots \\ y_c(k+p|k) \end{bmatrix}_{p\times 1} \quad \Delta U(k) = \begin{bmatrix} \Delta u(k) \\ \Delta u(k+1) \\ \vdots \\ \Delta u(k+m-1) \end{bmatrix}_{m\times 1} \quad (2-16)$$

对系统未来 p 步预测的输出可以由下面的预测方程计算：

$$Y_p(k+1|k) = \Phi\Delta x(k) + \Gamma y_c(k) + E\Delta d(k) + H\Delta U(k) \quad (2-17)$$

式中 Φ、Γ、E、H ——均为参数矩阵。

期望系统的输出值接近设定的输入值，因此目标函数可以表达为：

$$J = \sum_{i=1}^{p} \sum_{j=1}^{n_c} \{\lambda_{yj}[y_{cj}(k+i|k) - r_j(k+i)]\}^2 \qquad (2-18)$$

式中 λ_{yj}——误差的权重系数；

$r_j(k+i)$——不同时刻的设定参考值。

为增加系统稳定性避免控制动作过大，目标函数可更改为：

$$J = \sum_{i=1}^{p} \left\| \lambda_{yi}(y_c(k+i|k) - r(k+i)) \right\|^2 + \sum_{i=1}^{m} \left\| \lambda_{ui} \Delta u(k+i-1) \right\|^2 \qquad (2-19)$$

式中 λ_{ui}——控制增量的权重系数。

λ_{ui}越大，表明期望控制动作变化幅度越小。

结合约束条件变为一个二次规划问题，可通过二次规划求解，所得为控制时域内系统的局部最优解，只将所求得的最优控制序列的第一个元素作用于被控对象，经过一个控制时域后，再重复采样，通过滚动时域策略反复地在线求解实现最优控制。

2.4.3 混合逻辑动态系统

在传统控制理论框架主要是针对连续变量动态系统分析和应用，然而复杂工业等领域中，新型系统日益增多，出现了像二极管、电位开关等离散特性的元器件，它们不仅含有连续动态特性，也含有离散动态特性，而且之间存在的相互作用和影响造成被控对象更加复杂。过去，针对系统的连续部分和离散部分是分开进行考虑，独立地为各部分建立相应的模型描述，并依靠经验知识来获得控制律。但随着工业过程对建模要求的提高，需要一种统一的模型框架，于是混合逻辑动态（mixed logic dynamical，MLD）系统被逐步引入控制策略，通过 MLD 建模，可以用不等式约束条件来表达命题逻辑关系。

多智能体微电网同样是结合离散和连续动态特性的系统，如能量和功率潮流等物理量可以表示为连续变量，分布式发电节点的开关状态、储能的充放电状态等具有离散特性的成分可以表示为二进制的决策变量。此外，多智能体微电网系统的行为和部分元件可以表述为差分或微分方程（如储能动态方程）和逻辑语句。本文中将蓄电池的充放电行为及向大电网的买卖电行为转换为包含连续和离散变量的线性整数逻辑约束。

$f(k) \Leftrightarrow \delta = 1$ 表述为真，当且仅当以下不等式成立：

$$\begin{cases} -m\delta \leqslant f(k) - m \\ -(M + \varepsilon) \leqslant -f(k) - \varepsilon \\ M = \max f(k), m = \min f(k) \end{cases} \quad (2-20)$$

同样的将 $z = \delta f(x)$ 等价于

$$\begin{cases} z \leqslant M\delta \\ z \geqslant m\delta \\ z \leqslant f(k) - m(1-\delta) \\ z \geqslant f(k) - M(1-\delta) \\ M = \max f(k), m = \min f(k) \end{cases} \quad (2-21)$$

由上述的转换关系 MLD 的模型描述为：

$$x(k+1) = Ax(k) + B_1 u(k) + B_2 \delta(k) + B_3 z(k) \quad (2-22)$$

$$y(k) = Cx(k) + D_1 u(k) + D_2 \delta(k) + D_3 z(k) \quad (2-23)$$

$$E_1 \delta(k) + E_2 z(k) \leqslant E_3 u(k) + E_4 x(k) + E_5 \quad (2-24)$$

式中　　　　　　　　　　　δ——引入的辅助二进制变量，包括 0 和 1；

　　　　　　　　　　　　　z——引入的辅助连续变量；

E_1、E_2、E_3、E_4、E_5——系数矩阵，将逻辑命题转换为线性不等式时
　　　　　　　　　　　　二进制变量和连续变量需要满足的线性不等
　　　　　　　　　　　　式约束；

A、B_1、B_2、B_3、C、D_1、D_2、D_3——均为参数矩阵。

本文通过引入 δ 和 z 将逻辑命题转换成相应的线性不等式转换，避免了优化约束中取绝对值问题，将系统所有的连续变量、离散变量和逻辑约束集成到一个统一的状态空间中描述，可以在统一框架下对系统分析和控制易于优化求解。

第3章

基于多智能体的分布式控制算法

3.1 理 论 基 础

多智能体网络拓扑结构以及内部连接关系可以用图 G［图 G 定义为一个集合 (V, E, A)，每一个智能体可以用 V 来表示，$E \subseteq V \times V$ 是边的集合，A 为邻接矩阵，相邻智能体之间的关系用 A 中元素 a_{ij} 表示。］表示，对应于实际多智能体微电网中表示各个分布式节点的通信关系，图 G 的 Laplacian 矩阵 L 定义为：

$$\begin{cases} l_{ij} = \sum_{i \neq j} a_{ij}, & i = j \\ l_{ij} = -a_{ij}, & i \neq j \end{cases} \tag{3-1}$$

通信系数表示相邻智能体间通信关系的数学表达式，被定义为：

$$d_{ij} = |l_{ij}| \Big/ \sum_{j=1}^{n} |l_{ij}|, \quad i = 1, 2, \cdots, n \tag{3-2}$$

在图 G 中与节点 i 关联的所有的边数目的总和称为度，以节点 i 为起点称为 i 的出度，即 d_i^-；以节点 i 为终点称为 i 的入度，即 d_i^+。在多智能体系统中，出度代表发送信息给邻居智能体，入度代表接受邻居智能体的信息。

另一种通信系数被定义为：

$$m_{i,j} = \begin{cases} 1/d_i^+, & j \in N_i^+ \\ 0, & j \notin N_i^+ \end{cases} \tag{3-3}$$

$$n_{i,j} = \begin{cases} 1/d_j^-, & i \in N_j^- \\ 0, & i \notin N_j^- \end{cases} \tag{3-4}$$

其中，对于任意的 i、j 都属于 V，m，n 为通信系数。

3.2　节点的建模与约束

3.2.1　可控节点及柔性负荷的建模

如图 3-1 所示为多智能体微电网拓扑结构图,节点包括微型燃气轮机、燃料电池、光伏和蓄电池联合模块以及柔性负荷,每一个控制器对应一个智能体,公共耦合端同样对应一个智能体,将多智能体微电网运行的状态通过通信传输给其他智能体。多智能体微电网中各个节点间通过能量、信息流动相互协调维持整个系统的供需功率平衡。为实现分布式控制优化策略,首先对多智能体微电网各个单元模块进行成本建模,建模成本主要考虑发电机的运行效率、所用燃料价格、后期维护设备所需费用等因素。

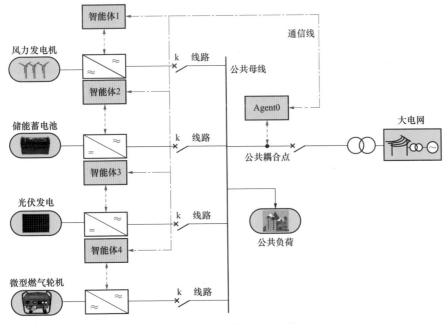

图 3-1　多智能体微电网拓扑结构图

（1）微型燃气轮机的成本建模。微型燃气轮机分布式电源也是传统的分布式电源,具有可靠性高、对环境污染小、使用寿命长、控制灵活、维护简单等优点,其成本函数主要包括维护费用和燃料成本,建模如下:

$$C_G(P_{G1}) = M_G P_{G1} + F_G(a + bP_{G1} + cP_{G1}^2) \tag{3-5}$$

式中　P_{G1} ——微型燃气轮机输出功率，kW；

　　　M_G ——每千瓦时电的维护费用，元；

　　　F_G ——4.184kJ 燃料的费用，元；

a、b、c ——燃料消耗系数。

式（3-5）可以简化为：

$$C_1(P_{G1}) = \gamma_1 P_{G1}^2 + \beta_1 P_{G1} + \alpha_1 \tag{3-6}$$

式中　α_1、β_1、γ_1 ——成本函数系数。

（2）燃料电池的成本建模。燃料电池是直流型分布式发电单元，将自身存储的燃料和化学能转化电能，具有转化效率高的特点并且减少对环境污染。燃料电池发电的成本主要由燃料成本、维护成本以及运行效率决定。燃料电池的成本建模函数如下：

$$C_D(P_{G2}) = (M_D + F_D)(P_{G2} + v_2 + u_2 P_{G2} + w_2 P_{G2}^2) \tag{3-7}$$

式中　P_{G2} ——燃料电池的输出功率，kW；

　　　M_D ——每千瓦时电的维护费用，元；

　　　F_D ——燃料电池每度电的成本，元；

v_2、u_2、w_2 ——损耗系数。

式（3-7）可以简化为：

$$C_2(P_{G2}) = \gamma_2 P_{G2}^2 + \beta_2 P_{G2} + \alpha_2 \tag{3-8}$$

式中　α_2、β_2、γ_2 ——成本函数系数。

（3）光伏、蓄电池储能联合模块的成本建模。太阳能发电和风力发电具有高度间歇性与波动性，若直接将此类新能源接入多智能体微电网中将会影响系统的稳定性。为了在多智能体微电网中得到可靠持续的电力供应，将引入蓄电池储能装置，蓄电池储能装置具有功率响应较快、可调频调压等特点，更重要的一点是其内部存储的电能可双向流动，当放电时蓄电池储能装置可以作电源，充电时又可以作负荷，但蓄电池储能装置的缺点是使用寿命较短。现将光伏与蓄电池储能装置联合模块接入多智能体微电网，一方面，使光伏所发功率变成可控，离网运行时蓄电池储能装置可以作为电源向多智能体微电网提供电能，实现供需功率平衡；另一方面，多智能体微电网并网时可以调频调压，抑制可再生能源及负荷的波动，提供可靠持续稳定的功率实现削峰填谷。

光伏 + 蓄电池储能装置为可调度清洁能源，发电成本主要考虑维护费用、变流器损耗、无燃料费用。光伏 + 蓄电池储能装置的成本函数建模如下：

$$C_B(P_{G3}) = M_B(P_{G3} + v_3 + u_3 P_{G3} + w_3 P_{G3}^2) \qquad (3-9)$$

式中　　P_{G3}——光伏 + 蓄电池的输出功率，kW；

　　　　M_B——每千瓦时电的维护费用，元；

v_3、u_3、w_3——损耗系数。

式（3-9）可以简化为：

$$C_3(P_{G3}) = \gamma_3 P_{G3}^2 + \beta_3 P_{G3} + \alpha_3 \qquad (3-10)$$

式中　α_3、β_3、γ_3——成本函数系数。

如图 3-2 所示为光伏和储能联合模块的示意图，其中光伏、蓄电池分别先通过 DC-DC 变流器，进行电压等级变换，再通过 DC-AC 接入多智能体微电网。

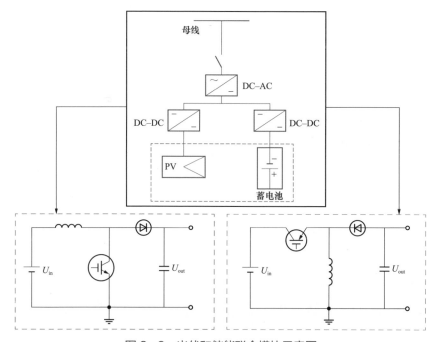

图 3-2　光伏和储能联合模块示意图

（4）柔性负荷的成本建模。柔性负荷指在一定区间内波动变化或不同时间段发生转移的负荷，即可控负荷。柔性负荷具有双向调节能力，既可以实现负荷与电网双向互动，又可以实现多智能体微电网"即插即用"的特点。

建立柔性负荷的成本模型函数为：

$$C_i(P_{\text{L}i}) = c_i P_{\text{L}i}^2 + b_i P_{\text{L}i} + a_i \tag{3-11}$$

式中　　$P_{\text{L}i}$——第 i 台负荷柔性负荷消耗的功率，kW；

a_i、b_i、c_i——第 i 台负荷成本函数系数。

3.2.2　可控节点的约束条件

可控节点功率平衡约束：

$$\sum P_{\text{G}i} + \sum P_{\text{L}j} = 0 \tag{3-12}$$

可控节点功率输出约束：

$$P_{\text{G}i,\,\text{min}} \leqslant P_{\text{G}i} \leqslant P_{\text{G}i,\,\text{max}} \tag{3-13}$$

柔性负荷功率约束：

$$P_{\text{L}i,\,\text{min}} \leqslant P_{\text{L},\,i} \leqslant P_{\text{L}i,\,\text{max}} \tag{3-14}$$

可控节点增量成本模型：

$$\lambda_i(P_{\text{G}i}) = \frac{\partial C_i}{\partial P_{\text{G}i}} = 2 \times \gamma_i P_{\text{G}i} + \beta_i \tag{3-15}$$

式中　　λ_i——第 i 台负荷等耗微增率。

可控节点的输出功率：

$$P_{\text{G}i}(t) = \frac{\lambda_i - \beta_i}{2\gamma_i} \tag{3-16}$$

柔性负荷增量成本模型：

$$\lambda_i(P_{\text{L}i}) = \frac{\partial C_i}{\partial P_{\text{L}i}} = 2 \times c_i P_{\text{L}i} + b_i \tag{3-17}$$

柔性负荷的输出功率：

$$P_{\text{L}i}(t) = \frac{\lambda_i - b_i}{2c_i} \tag{3-18}$$

此时，式（3-13）、式（3-14）输出功率约束修改为：

$$P_{Gi}(t) = \begin{cases} P_{Gi,\,min}, & \text{当} \dfrac{\lambda_i - \beta_i}{2\gamma_i} \leqslant P_{Gi,\,min} \\[3mm] \dfrac{\lambda_i - \beta_i}{2\gamma_i}, & \text{当} P_{Gi,\,min} \leqslant \dfrac{\lambda_i - \beta_i}{2\gamma_i} \leqslant P_{Gi,\,max} \\[3mm] P_{Gi,\,max}, & \text{当} \dfrac{\lambda_i - \beta_i}{2\gamma_i} \geqslant P_{Gi,\,max} \end{cases} \tag{3-19}$$

$$P_{Li}(t) = \begin{cases} P_{Li,\,min}, & \text{当} \dfrac{\lambda_i - b_i}{2c_i} \leqslant P_{Li,\,min} \\[3mm] \dfrac{\lambda_i - b_i}{2c_i}, & \text{当} P_{Li,\,min} \leqslant \dfrac{\lambda_i - b_i}{2c_i} \leqslant P_{Li,\,max} \\[3mm] P_{Li,\,max}, & \text{当} \dfrac{\lambda_i - b_i}{2c_i} \geqslant P_{Li,\,max} \end{cases} \tag{3-20}$$

3.2.3　目标函数

目标函数为：

$$\min C_{total} = \sum C_i(P_{Gi}) + \sum C_i(P_{Li}) \tag{3-21}$$

经济调度是解决多智能体微电网经济最优运行控制问题的关键，本书设定目标是在满足约束的条件下降低总的发电成本，通过选取各个节点的增量成本为变量，基于多智能体系统的框架下最终使全局控制变量达到一致且系统福利最大化。

3.3　分布式一致性控制算法

3.3.1　有领导者一致性算法

分布式控制算法分为有领导者一致性算法和无领导者一致性算法。在有领导者一致性算法中，选取一个智能体为领导者通过收集所有节点的信息并计算供需功率的偏差，相当于集中式控制中的中央控制器；领导者首先响应系统功率偏差，其他智能体（跟随者）跟着变化，最终所有智能体迭代达到一致性的目标。当系统中总的发电功率大于负荷需求功率时应减小系统发电机的增量成本，反之亦然。

在多智能体微电网拓扑中，选取其中一个节点作为领导者，其他节点为跟随者。

领导者增量成本表示为：

$$\lambda_i(k+1) = \sum_{j=1}^{n} d_{ij}\lambda_j(k) + \varepsilon\Delta P, i = 1, \cdots, n \qquad (3-22)$$

式中　ε——收敛系数，其大小影响收敛速度；

　　ΔP——供需功率偏差；

　　λ_i——第 i 台负荷等耗微增率。

跟随者增量成本表示为：

$$\lambda_i(k+1) = \sum_{j=1}^{n} d_{ij}\lambda_j(k), i = 1, \cdots, n \qquad (3-23)$$

发电机功率：

$$P_{\mathrm{G},i} = \frac{\lambda_i - \beta_i}{2 \times \gamma_i} \qquad (3-24)$$

式中　β_i、γ_i——第 i 个可控节点的成本函数系数。

有领导一致性算法流程图如图 3-3 所示，主要分为以下几个步骤：① 根据式（3-22）建立组成多智能体微电网的各个分布式电源的成本模型并选取一个节点为领导者，其余节点根据式（3-23）计算节点的初始（$k=0$）增量成本以及确定收敛系数；② 根据多智能体微电网通信拓扑结构，计算通信系数 d；③ 根据实际多智能体微电网分布式协调优化控制，确立含有约束的目标函数；④ 接着判断每个节点的输出功率是否超过约定的上下限，若超过约定的功率将发电功率定为约束的极值，若没有超过节点功率约束范围根据式（3-24）计算功率；⑤ 最后再去计算供需功率的差值，判断此值是否小于最初设定的极小值 μ，若结果小于最初设定的

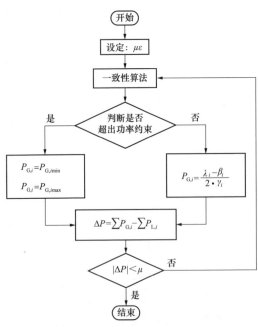

图 3-3　有领导一致性算法流程图

极小值 μ，则所有节点达到增量成本一致的目标，得到经济最优结果，输出；若不是则返回一致性算法重新计算。

3.3.2　无领导者一致性算法

不同于有领导者一致性算法，无领导者一致性算法中的各个节点是相互独立、平等的。无领导者一致性算法的拓扑结构中没有可以收集总信息的节点，即不存在领导者，节点通过局部供需功率不匹配估计值相互迭代更新达到全局一致的目标，实现完全分布式控制策略。

CANLD 和 CANLMN 分别是通信系数组成的无领导一致性算法。

CANLD 表示为：

$$\lambda_i(t+1) = \sum_{j \in N_i} d_{ij}\lambda_j(t) + \varepsilon \cdot P_{Di}(t) \qquad (3-25)$$

$$P_{Gi}(t+1) = \frac{\lambda_i(t+1) - \beta_i}{2 \times \gamma_i} \qquad (3-26)$$

$$P_{Li}(t+1) = \frac{\lambda_i(t+1) - b_i}{2 \times c_i} \qquad (3-27)$$

$$P'_{Di}(t) = P_{Di}(t) - [P_{Gi}(t+1) - P_{Gi}(t)] \qquad (3-28)$$

$$P_{Di}(t+1) = \sum_{j \in N_i} d_{ij}P'_{Di}(t) \qquad (3-29)$$

式中　P_{Di}——供需功率不匹配值；

　　　P_{Gi}——第 i 个节点的输出功率；

　　　t——时刻；

　　　d_{ij}——通信系数。

CANLMN 表示为：

$$\lambda_i(t+1) = \sum_{j \in N_i^+} \boldsymbol{M}_{ij}\lambda_j(t) + \varepsilon \cdot P_{Di}(t) \qquad (3-30)$$

$$P_{Gi}(t+1) = \frac{\lambda_i(t+1) - \beta_i}{2 \times \gamma_i} \qquad (3-31)$$

$$P_{Li}(t+1) = \frac{\lambda_i(t+1) - b_i}{2 \times c_i} \qquad (3-32)$$

$$P_{Di}(t+1) = \sum_{j \in N_i^-} \boldsymbol{N}_{ij}P_{Dj}(t) - [P_{Gi}(t+1) - P_{Gi}(t)] \qquad (3-33)$$

式中　$\boldsymbol{M}_{ij}$、$\boldsymbol{N}_{ij}$——通信系数矩阵；

λ_i ——第 i 台负荷等耗微增率。

增量成本初始值为：

$$\begin{cases} \lambda_i(0) = 2 \times \gamma_i \times P_{Gi}(0) + \beta_i \\ \lambda_i(0) = 2 \times c_i \times P_{Li}(0) + b_i \end{cases} \quad (3-34)$$

式中　　　P_{Li} ——第 i 台负荷柔性负荷消耗的功率，kW；

γ_i、b_i、c_i、β_i ——第 i 台负荷成本函数系数；

λ_i ——第 i 台负荷等耗微增率。

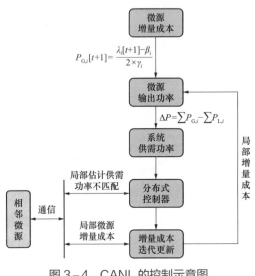

图 3-4　CANL 的控制示意图

CANL 的控制示意图如图 3-4 所示，采用基于 MAS 无领导者一致性算法分布式控制步骤：

（1）建立组成多智能体微电网的各个分布式电源的成本模型，例如：微型燃气轮机、蓄电池、柔性负荷等。计算各个节点的初始（$t=0$）增量成本。

（2）确定多智能体微电网通信拓扑结构，计算通信系数 D 或 M、N。

（3）根据实际多智能体微电网分布式协调优化控制，确立含有约束的目标函数。

（4）节点采集自身及与其相连的所有节点当前时刻（$t=k$）输出功率，计算该节点局部供需功率不匹配值，从而得到下一时刻（$t=k+1$）的增量成本，带入增量成本公式，继而可求出下一时刻该节点的功率参考值。

（5）经过多个控制周期后，所有节点达到增量成本一致目标，得到经济最优结果。

为了验证无领导者一致性算法设计两个案例。

案例 1：算法中增益 ε 影响收敛速度的快慢，增益选取不当影响仿真结果，研究不同的增益对仿真效果的影响，设定为：

$$\varepsilon = 0.9e^{-3}, 0.5e^{-3}, 0.5e^{-2}, 0.010\ 4 \quad (3-35)$$

已知 w_1 表示 $\varepsilon = 0.9e^{-3}$，　w_2 表示 $\varepsilon = 0.5e^{-3}$，　w_3 表示 $\varepsilon = 0.5e^{-2}$，　w_4 表示

$\varepsilon = 0.010\ 4$，如图 3-5 所示，增益系数 ε 越大收敛速度越快，反之亦然，但是 w_4 的增益超过约束上限，结果发散。

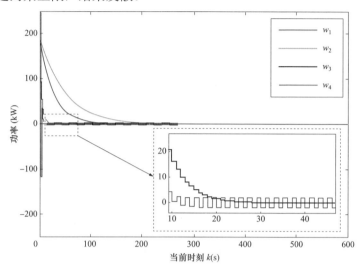

图 3-5　增益与收敛速度关系

案例 2：在五节点多智能体微电网中，为了验证无领导者算法有效性通过改变通信拓扑结构，其中各节点参数见表 3-1。图 3-6 是五节点拓扑结构（1），图 3-7 是五节点拓扑结构（2）。

表 3-1　　　　　　　　　　　五 节 点 的 初 值

变量	节点 1	节点 2	节点 3	节点 4	节点 5
$P_G(0)$	90	80	150	164	166
$P_D(0)$	760	-80	-150	-164	-166

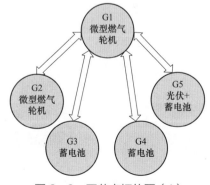

图 3-6　五节点拓扑图（1）

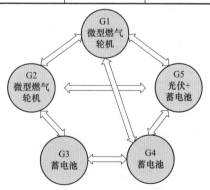

图 3-7　五节点拓扑图（2）

图 3－6 所示的五节点拓扑结构通信拓扑矩阵为：

$$
\boldsymbol{M}=\begin{bmatrix} 1/5 & 1/5 & 1/5 & 1/5 & 1/5 \\ 1/2 & 1/2 & 0 & 0 & 0 \\ 1/2 & 0 & 1/2 & 0 & 0 \\ 1/2 & 0 & 0 & 1/2 & 0 \\ 1/2 & 0 & 0 & 0 & 1/2 \end{bmatrix} \quad \boldsymbol{N}=\begin{bmatrix} 1/5 & 1/2 & 1/2 & 1/2 & 1/2 \\ 1/5 & 1/2 & 0 & 0 & 0 \\ 1/5 & 0 & 1/2 & 0 & 0 \\ 1/5 & 0 & 0 & 1/2 & 0 \\ 1/5 & 0 & 0 & 0 & 1/2 \end{bmatrix}
$$

如图 3－8 所示得出：稳定时迭代次数为 130，此时增量成本为 4.432 元/kWh 且各个节点输出功率分别为 117.84、106.80、194.63、214.6、215.6kW。

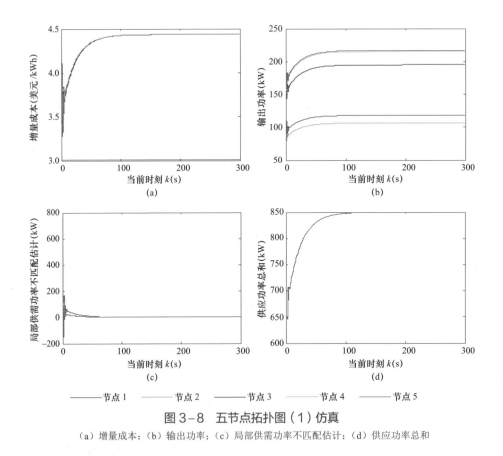

图 3－8　五节点拓扑图（1）仿真

（a）增量成本；（b）输出功率；（c）局部供需功率不匹配估计；（d）供应功率总和

图 3－7 所示的五节点拓扑结构通信拓扑矩阵为：

$$M = \begin{bmatrix} 1/4 & 1/4 & 0 & 1/4 & 1/4 \\ 1/4 & 1/4 & 1/4 & 0 & 1/4 \\ 0 & 1/3 & 1/3 & 1/3 & 0 \\ 1/3 & 0 & 1/3 & 1/3 & 0 \\ 1/3 & 1/3 & 0 & 0 & 1/3 \end{bmatrix} \quad N = \begin{bmatrix} 1/4 & 1/4 & 0 & 1/4 & 1/4 \\ 1/4 & 1/4 & 1/3 & 0 & 1/4 \\ 0 & 1/4 & 1/3 & 1/4 & 0 \\ 1/4 & 0 & 1/3 & 1/4 & 1/4 \\ 1/4 & 1/4 & 0 & 1/4 & 1/4 \end{bmatrix}$$

如图 3-9 所示得出：稳定时迭代次数 161，此时增量成本为 30.222 3 元/kWh 且各个节点输出功率分别为 117.8、106.8、194.6、214.6、215.6kW。明显五节点拓扑结构（1）收敛速度快于五节点拓扑结构（2），因此通信拓扑结构的改变影响收敛速度。

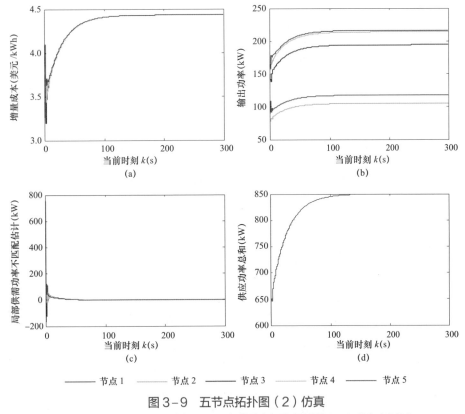

图 3-9 五节点拓扑图（2）仿真

（a）增量成本；（b）输出功率；（c）局部供需功率不匹配估计；（d）供应功率总和

3.3.3 CANLD、CANLMN 两种无领导一致性算法收敛性理论证明

CANLD 收敛理论证明：

将式（3－25）～式（3－29）改写矩阵形式：

$$R(t+1) = D \cdot R(t) + \varepsilon P_{\mathrm{D}}(t) \qquad (3-36)$$

$$P(t+1) = B \cdot R(t+1) + A \qquad (3-37)$$

$$P_{\mathrm{D}}(t+1) = D \cdot P_{\mathrm{D}}(t) - D[P(t+1) - P(t)] \qquad (3-38)$$

式中　　$R(t)$——等耗微增率矩阵；

　　　　D——通信系数矩阵；

　　　　$P(t)$——输出功率矩阵；

　　　　$P_{\mathrm{D}}(t)$——供需功率不匹配矩阵；

　　A、B——成本函数系数矩阵；

　　　　ε——收敛系数，大小影响收敛速度。

采用特征值扰动方法分析收敛理论，扰动因子 $\varepsilon > 0$ 且足够小，证明状态平均一致收敛的充分必要条件为拓扑图 G 为强连通图。

引理矩阵 P 为双随机，满足 $P_{ii} > 0$，G 是强连通图，得到结论：

（1）矩阵 P 特征值的模小于 1。

（2）有且仅有一个特征值 1 其特征向量为 E_n。

由式（3－36）～式（3－38）可得：

$$P_{\mathrm{D}}(t+1) = DB(I-D)R(t) + (D - \varepsilon DB)P_{\mathrm{D}}(t) \qquad (3-39)$$

式中　　I——单位矩阵。

将式（3－36）、式（3－39）写成矩阵形式：

$$\begin{bmatrix} R(t+1) \\ P_{\mathrm{D}}(t+1) \end{bmatrix} = \begin{bmatrix} D & \varepsilon I \\ DB(I-D) & D - \varepsilon DB \end{bmatrix} \begin{bmatrix} R(t) \\ P_{\mathrm{D}}(t) \end{bmatrix} \qquad (3-40)$$

其中：

$$M = \begin{bmatrix} D & \varepsilon I \\ DB(I-D) & D - \varepsilon DB \end{bmatrix} \qquad (3-41)$$

将矩阵 M 分为两部分定义：

$$G = \begin{bmatrix} D & 0 \\ DB(I-D) & D \end{bmatrix} 和 \varDelta = \begin{bmatrix} 0 & I \\ 0 & -DB \end{bmatrix} \qquad (3-42)$$

可得：

$$M = G + \varepsilon \cdot \varDelta \qquad (3-43)$$

矩阵 G 是下三角矩阵，可知 G 的两个特征值矩阵为 D，矩阵 D 为双随机矩阵，每个矩阵 D 有一个特征值为 1，因此 G 矩阵有两个特征值 $\delta_1 = \delta_2 = 1$，剩余的特征值在复平面单位开圆盘上。γ^T 为矩阵 D 的左特征向量，满足 $E^T\gamma = 1$，ϕ 为矩阵 D 的右特征向量，满足 $\phi^T E = 1$，α_1、α_2 特征值为 1、矩阵 G 的右特征向量，β_1^T、β_2^T 特征值为 1、矩阵 G 的左特征向量。

$$A = \begin{bmatrix} \alpha_1 & \alpha_2 \end{bmatrix} = \begin{bmatrix} 0 & 1 \\ \Phi & -\eta\Phi \end{bmatrix} \qquad (3-44)$$

其中：

$$\eta = \sum_{i=1}^{N} \frac{1}{2 \times \gamma_i}$$

$$B^T = \begin{bmatrix} \beta_1^T \\ \beta_2^T \end{bmatrix} = \begin{bmatrix} 1^T B & 1^T \\ \gamma^T & 0^T \end{bmatrix} \qquad (3-45)$$

当 ε 很小时，变量 δ_1、δ_2 受到 $\varDelta\varepsilon$ 的影响，可以得到：

$$Z = B^T \varDelta A = \begin{bmatrix} 0 & 0 \\ \gamma^T\Phi & -\eta\gamma^T\Phi \end{bmatrix} \qquad (3-46)$$

其中矩阵 Z 的特征值为 0 和 $-\eta g^T j$，$\varDelta\delta_1 = \dfrac{\mathrm{d}\delta_1}{\mathrm{d}\varepsilon} = 0$、$\varDelta\delta_2 = \dfrac{\mathrm{d}\delta_2}{\mathrm{d}\varepsilon} = -\eta g^T j < 0$。如图 3-10 所示，当扰动 ε 为零时，两个特征值相等为 1，当 $\varepsilon > 0$ 时，δ_1 不受 ε 改变的影响，δ_2 随着 ε 增大而减小，因此矩阵 M 的一个特征值为 1，其他的特征值小于 1。式（3-40）的特征值为 1 对应的特征向量为 $\begin{bmatrix} 1 \\ 0 \end{bmatrix}$，其余特征值小于 1。

此时当 $t \to \infty$ 时，矩阵 $\begin{bmatrix} R(t) \\ P_D(t) \end{bmatrix}$ 收敛于 $\begin{bmatrix} 1 \\ 0 \end{bmatrix}$。最终增量成本收敛到最优值，局部估计供需功率不平衡收敛到 0，满足供需功率平衡。

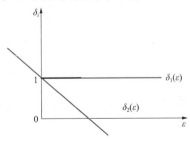

图 3-10　特征值与增益的关系

CANLMN 收敛理论证明：

将式（3-30）～式（3-33）改写矩阵形式：

$$R[t+1] = M \cdot R[t] + \varepsilon P_{\mathrm{D}}[t] \tag{3-47}$$

$$P[t+1] = P \cdot R[t+1] + Q \tag{3-48}$$

$$P_{\mathrm{D}}(t+1) = N \cdot P_{\mathrm{D}}(t) - [P(t+1) - P(t)] \tag{3-49}$$

由式（3-34）、式（3-45）可得：

$$P_{\mathrm{D}}(t+1) = P(I-M)R(t) + (N - \varepsilon P)P_{\mathrm{D}}(t) \tag{3-50}$$

同理可将式（3-43）、式（3-46）写成矩阵：

$$\begin{bmatrix} R(t+1) \\ P_{\mathrm{D}}(t+1) \end{bmatrix} = \begin{bmatrix} M & \varepsilon I \\ P(I-M) & N - \varepsilon P \end{bmatrix} \begin{bmatrix} R(t) \\ P_{\mathrm{D}}(t) \end{bmatrix} \tag{3-51}$$

其中，将矩阵 P 分为两部分定义：

$$G = \begin{bmatrix} M & 0 \\ P(I-M) & N \end{bmatrix} \text{和} \Delta = \begin{bmatrix} 0 & I \\ 0 & -P \end{bmatrix}$$

$$P = \begin{bmatrix} M & \varepsilon I \\ P(I-M) & N - \varepsilon P \end{bmatrix} \tag{3-52}$$

可得：

$$P = G + \varepsilon \cdot \Delta \tag{3-53}$$

同上定理可证：

当 $t \to \infty$ 时，矩阵 $\begin{bmatrix} R(t) \\ P_{\mathrm{D}}(t) \end{bmatrix}$ 收敛于 $\begin{bmatrix} 1 \\ 0 \end{bmatrix}$。

3.3.4 CANLD、CANLMN 两种无领导一致性算法仿真对比

为了对比 CANLD、CANLMN 两种无领导一致性算法的收敛速度，在 IEEE 14 节点系统中进行仿真对比分析，其中通信拓扑结构如图 3-11 所示，14 节点初始功率及成本函数系数见表 3-2。

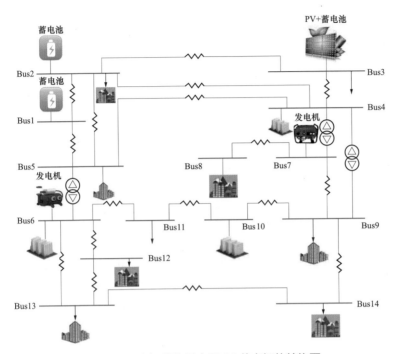

图 3-11　多智能体微电网 14 节点拓扑结构图

表 3-2　　　　　　　　　　　14 节点的成本函数系数

发电机	初值	γ_i（美元/kWh）	β_i（美元/kWh）	
1	150	0.011	0.15	
2	90	0.01	0.14	
3	200	0.01	0.1	
6	80	0.018	0.19	
7	180	0.02	0.2	
负荷	初值	c_i（美元/kWh）	b_i（美元/kWh）	l_{loss}（美元/kWh）
4	60	0.036	8.25	0.035
5	80	0.033	7.2	0.04
8	80	0.037 5	7.8	0.05
9	100	0.03	8.05	0.04
10	100	0.039	8.45	0.035
11	70	0.08	8.75	0.04
12	80	0.042 5	9	0.03
13	70	0.034 5	7.05	0.05
14	60	0.038 5	8.15	0.04

注　1. 第一列数字表示节点，每个节点有不同的计算方法。

　　2. γ_i、β_i 为第 i 个可控节点的成本函数系数；b_i、c_i 为第 i 台负荷成本函数系数；l_{loss} 为第 i 台负荷损失函数系数。

其中局部估计功率不匹配初值设定为：

$$\begin{cases} \boldsymbol{P}_{\mathrm{D}i}[0] = \boldsymbol{P}_{\mathrm{G}i}[0], \ i \in 1, 2, 3, 6, 7 \\ \boldsymbol{P}_{\mathrm{D}i}[0] = \boldsymbol{P}_{\mathrm{L}i}[0], \ i \notin 1, 2, 3, 6, 7 \end{cases} \tag{3-54}$$

式中　$\boldsymbol{P}_{\mathrm{D}i}$——供需功率不匹配值；

　　　$\boldsymbol{P}_{\mathrm{G}i}$——第 i 个节点的输出功率。

CANLD 算法：

在 CANLD 算法中采用与有领导者一致性算法相同的通信系数由式（3-1）确定为：

$$\boldsymbol{L} = \begin{bmatrix} 0 & 1 & 0 & 0 & 1 & 0 & 0 & 0 & 0 & 0 & 0 & 0 & 0 & 0 \\ 1 & 0 & 1 & 1 & 1 & 0 & 0 & 0 & 0 & 0 & 0 & 0 & 0 & 0 \\ 0 & 1 & 0 & 1 & 0 & 0 & 0 & 0 & 0 & 0 & 0 & 0 & 0 & 0 \\ 0 & 1 & 1 & 0 & 1 & 0 & 1 & 0 & 1 & 0 & 0 & 0 & 0 & 0 \\ 1 & 1 & 0 & 1 & 0 & 1 & 0 & 0 & 0 & 0 & 0 & 0 & 0 & 0 \\ 0 & 0 & 0 & 0 & 1 & 0 & 0 & 0 & 0 & 0 & 1 & 1 & 1 & 0 \\ 0 & 0 & 0 & 1 & 0 & 0 & 0 & 1 & 0 & 0 & 0 & 0 & 0 & 0 \\ 0 & 0 & 0 & 0 & 0 & 0 & 1 & 0 & 0 & 0 & 0 & 0 & 0 & 0 \\ 0 & 0 & 0 & 0 & 0 & 0 & 0 & 0 & 1 & 0 & 0 & 0 & 1 \\ 0 & 0 & 0 & 0 & 0 & 0 & 0 & 0 & 1 & 0 & 1 & 0 & 0 & 0 \\ 0 & 0 & 0 & 0 & 0 & 1 & 0 & 0 & 0 & 1 & 0 & 0 & 0 & 0 \\ 0 & 0 & 0 & 0 & 0 & 1 & 0 & 0 & 0 & 0 & 0 & 0 & 0 & 0 \\ 0 & 0 & 0 & 0 & 0 & 1 & 0 & 0 & 0 & 0 & 0 & 0 & 0 & 1 \\ 0 & 0 & 0 & 0 & 0 & 0 & 0 & 0 & 1 & 0 & 0 & 0 & 1 & 0 \end{bmatrix} \tag{3-55}$$

矩阵 $\boldsymbol{L}$ 中的元素表示节点间是否通信：两个节点间相互通信为 1，否则为 0。

为了进一步描述拓扑结构中通信的连接关系，在 CANLD 算法中，通信系数 $\boldsymbol{D}$ 被定义为：

$$\boldsymbol{D}_{ij} = \begin{cases} 2 \Big/ \sum_i L(i,j) + \sum_j L(i,j) + \varepsilon, \ i \neq j \cap L(i,j) = 1 \\ 1 - \left[2 \Big/ \sum_i L(i,j) + \sum_j L(i,j) + \varepsilon \right], \ i = j \\ 0, \ \text{其他} \end{cases} \tag{3-56}$$

式中　$\boldsymbol{L}$、$\boldsymbol{D}$——通信系数矩阵。

$$D=\begin{bmatrix} 1/3 & 1/3 & 0 & 0 & 1/3 & 0 & 0 & 0 & 0 & 0 & 0 & 0 & 0 & 0 \\ 1/3 & -1/7 & 1/3 & 2/9 & 1/4 & 0 & 0 & 0 & 0 & 0 & 0 & 0 & 0 & 0 \\ 0 & 1/3 & 3/8 & 2/7 & 0 & 0 & 0 & 0 & 0 & 0 & 0 & 0 & 0 & 0 \\ 0 & 2/9 & 2/7 & -1/4 & 2/9 & 0 & 2/7 & 0 & 1/4 & 0 & 0 & 0 & 0 & 0 \\ 1/3 & 1/4 & 0 & 2/9 & 1/4 & 0 & 0 & 0 & 0 & 0 & 0 & 0 & 0 & 0 \\ 0 & 0 & 0 & 0 & 1/4 & -1/3 & 0 & 0 & 0 & 0 & 1/3 & 2/5 & 1/3 & 0 \\ 0 & 0 & 0 & 2/7 & 0 & 0 & 0 & 2/3 & 0 & 0 & 0 & 0 & 0 & 0 \\ 0 & 0 & 0 & 0 & 0 & 0 & 2/3 & 1/3 & 0 & 0 & 0 & 0 & 0 & 0 \\ 0 & 0 & 0 & 1/4 & 0 & 0 & 0 & 0 & 0 & 2/5 & 0 & 0 & 0 & 2/5 \\ 0 & 0 & 0 & 0 & 0 & 0 & 0 & 0 & 2/5 & 1/9 & 1/2 & 0 & 0 & 0 \\ 0 & 0 & 0 & 0 & 1/3 & 0 & 0 & 0 & 0 & 1/2 & 1/6 & 0 & 0 & 0 \\ 0 & 0 & 0 & 0 & 0 & 2/5 & 0 & 0 & 0 & 0 & 0 & 3/5 & 0 & 0 \\ 0 & 0 & 0 & 0 & 1/3 & 0 & 0 & 0 & 0 & 0 & 0 & 0 & 1/6 & 1/2 \\ 0 & 0 & 0 & 0 & 0 & 0 & 0 & 0 & 2/5 & 0 & 0 & 0 & 1/2 & 1/9 \end{bmatrix}$$

$$\tag{3-57}$$

由此可知矩阵 D 为双随机矩阵，具有其相关性质。

由案例 1 中的算法的增益可以影响收敛速度可知，如果增益超过一个范围系统将失去稳定，基于这个问题我们选取一个合适的增益 $\varepsilon = 0.005$。由图 3-12（d）可以看出，供需功率偏差暂态波动幅度很大，各个节点在前 10 次迭代中，由于供需功率不平衡导致难以找到一个最优点，造成供需功率偏差上升到一个很大的幅度。随着各个节点间的相互协调作用，系统开始以很快的速度进行反方向寻优，各个节点间继续协调优化逐渐使供需功率偏差曲线以一致性趋势进行收敛，经过 304 次迭代最终达到稳定值 0；而从图 3-12（a）、图 3-12（b）、图 3-12（c）可看出，前 30 次迭代暂态过程波动很大，图 3-12（a）为 14 节点的增量成本，首先计算各个节点的初始值，由各个节点输出功率决定，式（3-25）增量成本迭代更新，随着各个节点分布式协调优化作用，以一致性的趋势进行收敛到 3.066 8 美元/kWh 稳定，此时系统达到经济最优的目标。图 3-12（b）为 14 个节点的输出功率，初始值见表 3-2，通过式（3-26）、式（3-27）在满足约束条件下相邻节点不断优化迭代，达到稳态时各个节点功率分别为 132.58、145.34、148.34、-71.99、-62.62、79.91、71.67、-63.11、-83.05、-69.01、-36.52、-69.80、-57.73kW 和 -65.02kW。图 3-12（c）局部估计供需功率不匹配，各个节点局部估计供需功率不匹配，通过式（3-28）、式（3-29）相互协调作用最终稳定到0。

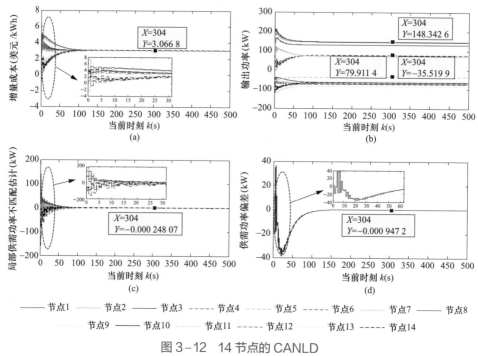

节点1 ——— 节点2 ——— 节点3 ----- 节点4 ----- 节点5 ----- 节点6 ——— 节点7 ——— 节点8
节点9 ——— 节点10 ----- 节点11 ----- 节点12 ——— 节点13 ----- 节点14

图3-12　14节点的CANLD

（a）增量成本；（b）输出功率；（c）局部供需功率不匹配估计；（d）供需功率偏差

从稳定性分析验证了CANLD理论收敛性，首先建立由14节点增量成本及其局部估计供需功率不匹配形成的矩阵，通过3.4.2节可得，将矩阵改写成式（3-42）的形式，分别分析含有扰动的矩阵和不含扰动的矩阵，利用特征值扰动法分析，14个节点增量成本一致且系统达到总成本最低的最优经济目标，局部估计供需功率不匹配为0，实现完全分布式控制策略。

在CANLMN算法中，通信系数M、N与各个节点的本地控制器发送信息与接收信息相关，由式（3-3）、式（3-4）确定通信系数：

$$M = \begin{bmatrix}
1/3 & 1/3 & 0 & 0 & 1/3 & 0 & 0 & 0 & 0 & 0 & 0 & 0 & 0 & 0 \\
1/5 & 1/5 & 1/5 & 1/5 & 1/5 & 0 & 0 & 0 & 0 & 0 & 0 & 0 & 0 & 0 \\
0 & 1/3 & 1/3 & 1/3 & 0 & 0 & 0 & 0 & 0 & 0 & 0 & 0 & 0 & 0 \\
0 & 1/6 & 1/6 & 1/6 & 1/6 & 0 & 1/6 & 0 & 1/6 & 0 & 0 & 0 & 0 & 0 \\
1/5 & 1/5 & 0 & 1/5 & 1/5 & 1/5 & 0 & 0 & 0 & 0 & 0 & 0 & 0 & 0 \\
0 & 0 & 0 & 0 & 1/5 & 1/5 & 0 & 0 & 0 & 0 & 1/5 & 1/5 & 1/5 & 0 \\
0 & 0 & 0 & 1/3 & 0 & 0 & 1/3 & 1/3 & 0 & 0 & 0 & 0 & 0 & 0 \\
0 & 0 & 0 & 0 & 0 & 0 & 1/2 & 1/2 & 0 & 0 & 0 & 0 & 0 & 0 \\
0 & 0 & 0 & 0 & 0 & 0 & 0 & 0 & 1/4 & 1/4 & 0 & 0 & 0 & 1/4 \\
0 & 0 & 0 & 0 & 0 & 0 & 0 & 0 & 1/3 & 1/3 & 1/3 & 0 & 0 & 0 \\
0 & 0 & 0 & 0 & 0 & 1/3 & 0 & 0 & 0 & 1/3 & 1/3 & 0 & 0 & 0 \\
0 & 0 & 0 & 0 & 0 & 1/2 & 0 & 0 & 0 & 0 & 0 & 1/2 & 0 & 0 \\
0 & 0 & 0 & 0 & 0 & 1/3 & 0 & 0 & 0 & 0 & 0 & 0 & 1/3 & 1/3 \\
0 & 0 & 0 & 0 & 0 & 0 & 0 & 0 & 1/3 & 0 & 0 & 0 & 1/3 & 1/3
\end{bmatrix}$$

$$(3-58)$$

$$N = \begin{bmatrix}
1/3 & 1/5 & 0 & 0 & 1/5 & 0 & 0 & 0 & 0 & 0 & 0 & 0 & 0 & 0 \\
1/3 & 1/5 & 1/3 & 1/6 & 1/5 & 0 & 0 & 0 & 0 & 0 & 0 & 0 & 0 & 0 \\
0 & 1/5 & 1/3 & 1/6 & 0 & 0 & 0 & 0 & 0 & 0 & 0 & 0 & 0 & 0 \\
0 & 1/5 & 1/3 & 1/6 & 1/5 & 0 & 1/3 & 0 & 1/4 & 0 & 0 & 0 & 0 & 0 \\
1/3 & 1/5 & 0 & 1/6 & 1/5 & 1/5 & 0 & 0 & 0 & 0 & 0 & 0 & 0 & 0 \\
0 & 0 & 0 & 0 & 1/5 & 1/5 & 0 & 0 & 0 & 0 & 1/3 & 1/2 & 1/3 & 0 \\
0 & 0 & 0 & 1/6 & 0 & 0 & 1/3 & 1/2 & 0 & 0 & 0 & 0 & 0 & 0 \\
0 & 0 & 0 & 0 & 0 & 0 & 1/3 & 1/2 & 0 & 0 & 0 & 0 & 0 & 0 \\
0 & 0 & 0 & 1/6 & 0 & 0 & 0 & 0 & 1/4 & 1/3 & 0 & 0 & 0 & 1/3 \\
0 & 0 & 0 & 0 & 0 & 0 & 0 & 0 & 1/4 & 1/3 & 1/3 & 0 & 0 & 0 \\
0 & 0 & 0 & 0 & 1/5 & 0 & 0 & 0 & 1/3 & 1/3 & 0 & 0 & 0 & 0 \\
0 & 0 & 0 & 0 & 0 & 1/5 & 0 & 0 & 0 & 0 & 0 & 1/2 & 0 & 0 \\
0 & 0 & 0 & 0 & 1/5 & 0 & 0 & 0 & 0 & 0 & 0 & 0 & 1/3 & 1/3 \\
0 & 0 & 0 & 0 & 0 & 0 & 0 & 0 & 1/4 & 0 & 0 & 0 & 1/3 & 1/3
\end{bmatrix}$$

$$(3-59)$$

由此可以看出矩阵 M 为行随机矩阵，矩阵 N 为列随机矩阵。

在案例 2 中，通过改变通信拓扑结构，验证了无领导者算法有效性，初值设定和案例 1 相同，增益选取 $\varepsilon = 0.005$。由图 3-13（d）可以看出，供需功率偏差暂态波动幅度比 CANLD 小，从而缩短了 CANLMN 寻优时间，同样由于初始各个节点供需功率不平衡导致系统难以找到一个最优的点，造成供需功率偏差上升的一个很大的幅度。由于各个节点间的相互协调作用，系统以很快的速度进行反方向寻优，各个节点继续协调优化逐渐开始向一致性趋势进行寻优，经过 248 次迭代最终达到稳定值 0；而从图 3−13（a）、图 3−13（b）、图 3−13（c）可体现出，前 30 次迭代暂态过程波动很大，图 3−13（a）为 14 节点的增量成本，初始值同样通过式（3−34）计算，与各个节点输出功率相关，式（3−30）增量成本迭代更新，随着各个节点分布式协调优化作用，以一致性的趋势进行收敛到 3.066 8 美元/kWh 稳定，此时系统达到经济最优的目标。显然，相同的初始条件下 CANLMN 与 CANLD 达到一样的收敛目标时，前者收敛速度更快于后者；图 3−13（b）为 14 个节点的输出功率，通过式（3−31）、式（3−32）在满足约束下通过相邻节点优化迭代，达到稳态时各个节点输出功率分别为 132.58、145.34、148.34、−71.99、−62.62、79.91、71.67、−63.11、−83.05、−69.01、−36.52、−69.80、−57.73kW 和 −65.02kW；图 3−13（c）局部估计供需功率不匹配，各个节点局部估计供需功率不匹配值，通过式（3−3）相互协调作用最终稳定到 0。

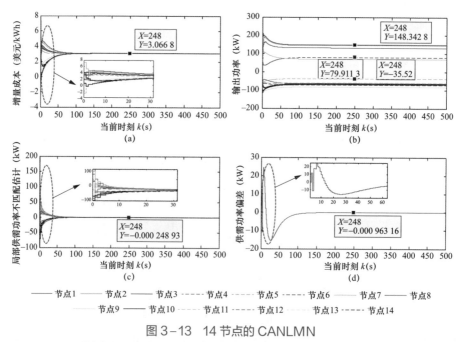

图 3−13　14 节点的 CANLMN

（a）增量成本；（b）输出功率；（c）局部供需功率不匹配估计；（d）供需功率偏差

从稳定性分析验证了 CANLMN 理论收敛性，首先建立由 14 节点增量成本及其局部估计供需功率不匹配形成的矩阵，通过 3.4.3 节分别分析含有扰动的矩阵和不含扰动的矩阵，利用特征值扰动法分析，当 $t \to \infty$ 时，14 个节点增量成本一致且系统达到总成本最低的最优经济目标，局部估计供需功率不匹配为 0，实现完全分布式控制策略。

为了对比通信系数对收敛速度的影响，在 IEEE14 节点拓扑结构下进行了仿真验证。由于增益系数大小将会影响系统的收敛速度的快慢，首先设定相同的增益系数，其次求取拓扑结构下对应的通信系数 D、MN，从表 3-3 可以看出，当系统经过短暂的调节达到稳定时，通信系数为 D、MN 的完全分布式算法中各个节点的增量成本收敛到相同值 3.066 8 美元/kWh，且各个节点局部估计供需功率不匹配消除满足实际供需功率平衡，通信系数为 D 的完全分布式算法需经过 340次迭代过程达到稳定，而通信系数为 MN 的完全分布式算法仅需 248 次迭代达到稳定，因此通信系数为 MN 的完全分布式算法收敛速度优于通信系数为 D 的完全分布式算法。算法的收敛过程即经济调度的优化过程，算法收敛速度更快将会快速调节实际多智能体微电网达到稳定，减少暂态冲击过程，因此在分布式控制中，可以选取通信系数为 MN 的完全分布式算法减少暂态调节过程。

表 3-3　　　　　　　　　　通信系数 D、MN 仿真对比

通信系数	增量成本（美元/kWh）	局部估计供需功率不匹配（kW）	迭代次数（次）
D	20.922 3	0	340
MN	20.922 3	0	248

3.4　有领导、无领导者一致性算法的仿真对比

以微型燃气轮机，光伏＋蓄电池，燃料电池为 3 节点的多智能体微电网拓扑结构如图 3-14 所示，相邻节点间能量流动分别用增量成本用 λ_1、λ_2、λ_3 表示，局部供需功率不匹配估计用 P_{D1}、P_{D2}、P_{D3} 表示。两种算法中各个节点初值设定相同，见表 3-4，在 4 个案例中，对比两种算法的收敛效果。

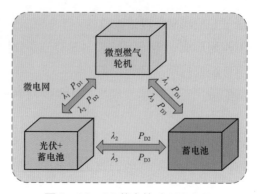

图 3-14   14 节点的 CANLMN

表 3-4   3 节 点 初 值

变量	节点 1	节点 2	节点 3
$P_{Gi}(0)$	146.09	266.67	239.24
$P_{Di}(0)$	704.91	−266.67	−239.24

注 $P_{Gi}(0)$ 为供应功率初值，$P_{Di}(0)$ 为需求功率初值。

在有领导者一致性算法中，首先由式（3-1）确定矩阵 L 为：

$$L = \begin{bmatrix} 2 & -1 & -1 \\ -1 & 2 & -1 \\ -1 & -1 & 2 \end{bmatrix} \tag{3-60}$$

在由式（3-2）确定通信系数 d 为：

$$d = \begin{bmatrix} 1/2 & 1/4 & 1/4 \\ 1/4 & 1/2 & 1/4 \\ 1/4 & 1/4 & 1/2 \end{bmatrix} \tag{3-61}$$

在无领导者一致性算法中，由式（3-3）、式（3-4）确定通信系数：

$$M = \begin{bmatrix} 1/3 & 1/3 & 1/3 \\ 1/3 & 1/3 & 1/3 \\ 1/3 & 1/3 & 1/3 \end{bmatrix} \quad N = \begin{bmatrix} 1/3 & 1/3 & 1/3 \\ 1/3 & 1/3 & 1/3 \\ 1/3 & 1/3 & 1/3 \end{bmatrix} \tag{3-62}$$

案例 1：不考虑发电机约束。

每个节点的约束不加入，初始的需求功率为 850kW，两种算法中的初值设定相同且 $\varepsilon = 0.000\,9$。但对于发电机在迭代过程会有超限的可能，因此设计案例 2。

无发电机约束仿真对比如图 3－15 所示，图 3－15（a1）、(b1)、(c1) 为有领导者算法仿真，初始供应功率和为 650kW，初始增量成本 43.752 8 元/kWh，经过 170 次迭代达到稳定，此时增量成本为 47.987 4 元/kWh，由图 3－15（b1）可知稳定时 P_{G1} 为 190.11kW，P_{G2} 为 345.67kW，P_{G3} 为 312.88kW，由图 3－15（c1）可知供应功率和为 850kW，满足供需功率平衡。分别如图 3－15（a2）(b2)(c2) 所示，经过 150 次迭代达到稳定，增量成本变为 47.987 4 元/kWh，由图 3－15（b2）可知稳定时 P_{G1} 为 190.01kW，P_{G2} 为 345.53kW，P_{G3} 为 312.76kW，由图 3－15（c2）可知供需功率平衡。

由案例 1 得到结论：无约束情况下，无领导者比有领导者算法收敛速度更快。

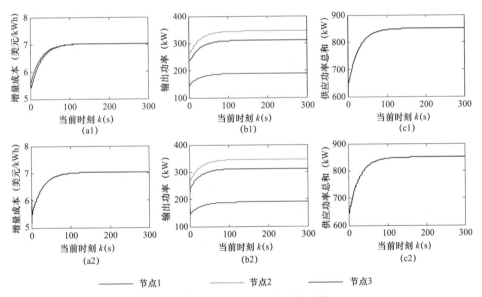

———— 节点1　　　———— 节点2　　　———— 节点3

图 3-15　无发电机约束仿真对比

（a1）有领导者增量成本；（a2）有领导者增量成本；（b1）有领导者输出功率；
（b2）无领导者输出功率；（c1）无领导者供应功率总和；（c2）无领导者供应功率总和

案例 2：加入发电机约束。

为了说明一个更实际的方案，将每个节点发电约束考虑，所有的发电每次迭代都在约束范围内。P_{G1} 的约束范围 [100，180]，P_{G2} 的约束范围 [250，400]，P_{G3} 的约束范围 [200，350]。

有发动机约束仿真对比如图 3－16 所示，图 3－16（a1）(b1)(c1) 为有领导者算法仿真，初始的增量成本 6.413 3 元/kWh，210 次迭代达到稳定，此时增量成本 7.14 元/kWh，由图 3－16（b1）可知稳定时 P_{G1} 为 180kW，P_{G2} 为 352kW，P_{G3} 为 317.73kW，满足供需功率平衡。无领导者仿真图分别为图 3－16（a2）（b2）（c2）可以看出，150 次迭代达到稳定，增量成本 7.031 元/kWh，由图 3－16（b2）可知稳定时 P_{G1} 为 180kW，P_{G2} 为 351.76kW，P_{G3} 为 317.51kW，满足供需功率平衡。

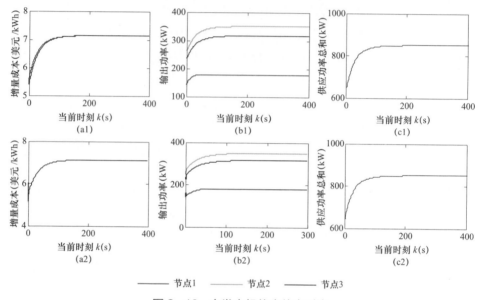

————— 节点1　　————— 节点2　　————— 节点3

图 3－16　有发电机约束仿真对比
（a1）增量成本；（a2）增量成本；（b1）输出功率；
（b2）输出功率；（c1）供应功率总和；（c2）供应功率总和

　　由案例 2 得到结论：各个节点在约束情况下，无领导者比有领导者算法收敛速度更快。

　　案例 3：即插即用。

　　多智能体微电网的一个重要特点就是节点的"即插即用"，为了验证这一特性，在各个节点的节点达到最优状态后加入另一个节点，此时拓扑图变化，对应通信矩阵变化。

　　即插即用仿真对比如图 3－17 所示，图 3－17（a1）（b1）（c1）为有领导者算法仿真，170 次迭代达到稳定，在 $k=300$ 时加入与节点 3 完全相同的节点 4，在 420 次再次达到稳定，此时的增量成本为 6.18 元/kWh，满足供需功率平衡。无领导者仿真图如图 3－17（a2）（b2）（c2）所示，可以看出 150 次迭代达到稳定，在

$k=300$ 时加入节点 4，在 400 次再次达到稳定，此时的增量成本为 6.23 元/kWh，满足供需功率平衡。

　　由案例 3 得到结论：在加入另一个节点时，无领导者比有领导者算法收敛速度更快。

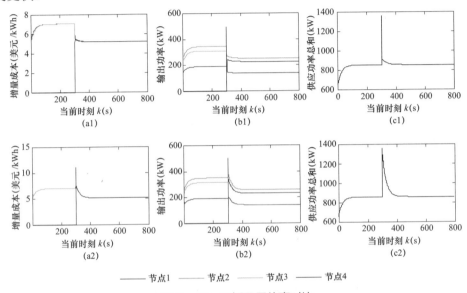

图 3-17　即插即用仿真对比

（a1）增量成本；（a2）增量成本；（b1）输出功率；
（b2）输出功率；（c1）供应功率总和；（c2）供应功率总和

案例 4：时变功率。

　　在实际过程中，所需的功率不是一直不变的，改变需求功率对比所提出的两种算法控制性能。初始需求功率 $D=850\text{kW}$，当前时刻 $k=300\text{s}$ 时，$D_1=600\text{kW}$。对比两种算法：

　　图 3-18（a1）（b1）（c1）为有领导者算法仿真，170 次迭代达到稳定，此时增量成本为 7.034 美元/kWh，在 $k=300$ 时改变需求功率为 600kW，在 470 次再次达到稳定，此时的增量成本为 6.01 美元/kWh，满足供需功率平衡。无领导者仿真图分别如图 3-18（a2）（b2）（c2）所示，150 次迭代达到稳定，增量成本 7.03 美元/kWh，在 $k=300$ 时改变需求功率为 600kW，在 450 次再次达到稳定，此时的增量成本为 6.01 美元/kWh，满足供需功率平衡。

　　由案例 4 得到结论：改变需求功率时，无领导者比有领导者算法收敛速度更快。

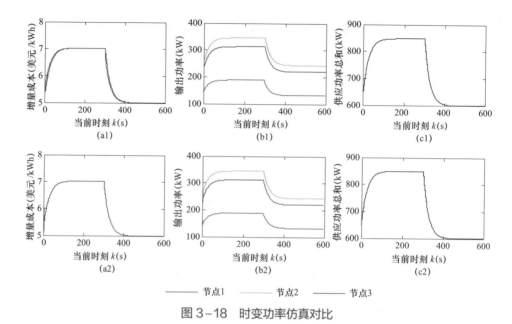

———— 节点1　　　———— 节点2　　　———— 节点3

图 3-18　时变功率仿真对比

（a1）增量成本；（a2）增量成本；（b1）输出功率；
（b2）输出功率；（c1）供应功率总和；（c2）供应功率总和

3.5　考虑损耗分布式控制策略

为了更加准确描述多智能体微电网的模型，将考虑传输过程中的线路损耗，修正柔性负荷输出功率，即：

$$P'_{Li}(t) = P_{Li}(t) + P_{loss}(t) \qquad (3-63)$$

$$P_{lossi} = L_i \cdot P_{Li} \qquad (3-64)$$

式中　P_{loss}——损耗功率；

　　　L_i——损耗因子，损耗因子一般为 3%～5%。

此时供需功率偏差为：

$$\Delta P = \sum P_{Gi} - \sum P_{Di} - P_{lossi} \qquad (3-65)$$

为了验证传输损耗的影响，在 IEEE14 节点拓扑结构中，在无领导者一致性算法中加入损耗因子，见表 3-2。

如图 3-19 所示，在考虑负荷的传输损耗后，272 次迭代达到稳定，此时局部供需功率估计为 0，各个节点的增量成本达到一致为 31.047 83 美元/kWh 各个节点的输出功率为 230、150、180、−90、−65、170、12.43、−80.57、−15.56、−96.89、−50.21、−101.47、−60kW 和 −88.75kW，满足供需功率平衡实现系统经济最优。

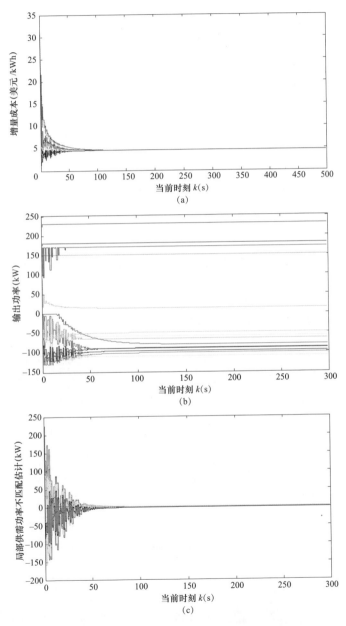

图 3−19　考虑损耗有领导一致算法（一）

（a）增量成本；（b）输出功率；（c）局部供需功率不匹配估计

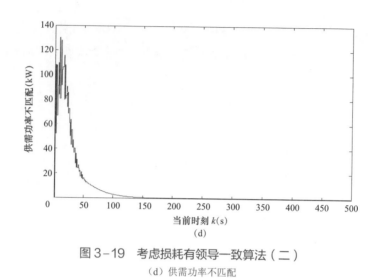

图 3-19 考虑损耗有领导一致算法（二）

（d）供需功率不匹配

3.6 基于多智能体微电网分层控制策略

3.6.1 基于多智能体微电网分层控制

本文在多智能体微电网孤岛模式下，基于 MAS 框架通过一致性算法实现分层控制策略，以发电成本最小，供需功率平衡，以及使可再生能源利用最大化等为目标函数。首先对各个节点经济成本的数学模型进行建模，并通过建立多智能体微电网分层控制架构，将三级完全分布式算法对多智能体微电网系统中节点优化求解出的最优功率，进而推导出一级控制中相应逆变器的权重系数，从而调节下垂曲线参数。为了响应负荷的需求，实时测量负荷的功率并重新更新上层算法的数据迭代计算进行优化求解，不断修正下垂曲线实现底层功率按所需分配，最终在满足各个节点达到增量成本一致的同时实现三级控制与一级下垂控制的结合，实现分层控制策略。针对下垂控制会导致频率、电压偏移问题，本文设计基于多智能体分布式二级控制策略，修正下垂曲线保证电压不越线实现系统稳定运行。采用仿真结果表明所提出的策略具有良好的优化效果，说明分层控制策略能够实现对传统分布式电源，储能单元和可再生能源发电机功率的合理分配与系统优化运行。

3.6.2　三级控制策略

本章提出的多智能体微电网的分层控制策略结构分为三层，每一层都可以实现分布式控制，每层控制的主要作用：一级控制采用下垂控制，根据下垂曲线通过控制节点的逆变器所提供有功功率和无功功率来调控各个节点逆变器的输出频率和电压幅值；二级控制为偏差调节，保证系统电压的稳定在正常范围内；三级控制一般为经济调度包括协调多智能体微电网中节点与负荷功率的匹配保证系统最优运行。分层控制策略一方面可以使多智能体微电网中功率分配满足精度、系统稳定性等要求，另一方面，可实现不完全依赖通信而达到全局最优的目标。

如图 3－20 所示，右边为三个节点并联为负荷供电的电气连接，左侧为多智能体微电网中三个节点对应与 MAS 中的三个智能体的通信连接，多智能体两两通信相互交换信息，再将协调统一的信息发送给各个节点。在分层控制中底层控制策略改进传统的下垂控制，根据上层所算出的各个节点最优输出功率求出对应的权重系数 K，更改相应的下垂曲线参数调节实际的输出功率，达到系统运行经济、稳定的目标。

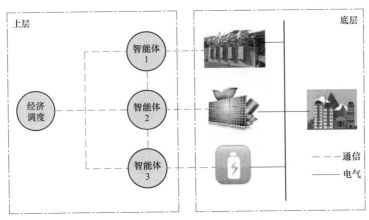

图 3－20　多智能体微电网示意图

通过第 3.3 节对两种分布式算法的对比结果显示，无领导者一致性算法更具优势，不仅可以真正意义上实现完全分布式控制策略并且增强全局的稳定性能，因此本章的分层控制策略中的三级控制算法采用无领导者一致性算法：

$$\lambda_i[t+1] = \sum_{j \in N_i^+} M_{ij}\lambda_j[t] + \varepsilon \cdot P_{D,i} \qquad (3-66)$$

$$P_{G,i}[t+1] = \frac{\lambda_i[t+1] - \beta_i}{2 \times \gamma_i} \qquad (3-67)$$

$$P_{D,i}(t+1) = \sum_{j \in N_i^-} N_{ij}P_{D,j}(t) - [P_{G,i}(t+1) - P_{G,i}(t)] \qquad (3-68)$$

式中　　M_{ij}、N_{ij}——通信系数；

　　　　ε——收敛系数；

　　　　$P_{D,i}$——局部供需功率不匹配估计；

　　　　$P_{G,i}$——上层算法满足经济最优目标（各个节点增量成本达到一致）
时第 i 个节点的最优有功功率。

三级控制计算出的最优功率作为一级控制的给定值，通过改变下垂系数去跟踪给定值，具体的方法引入权重系数，权重系数是由一致性算法计算出最优功率确定的：

$$K_i = P_{G,i} / P_{G,1} \qquad (3-69)$$

拓扑结构为三节点组成的多智能体微电网，以节点 1 为基准，各个节点的权重系数如下：

$$
\begin{aligned}
K_1 &= P_{G,1} / P_{G,1} \\
K_2 &= P_{G,2} / P_{G,1} \\
K_3 &= P_{G,3} / P_{G,1}
\end{aligned}
\qquad (3-70)
$$

此时权重系数等于三级控制中计算最优功率比值，若底层逆变器能够实现按照最优比例［见式（3-60）］发出实际功率就能实现整个系统经济性的目标。

$$K_1 : K_2 : K_3 = P_{G,1} : P_{G,2} : P_{G,3} \qquad (3-71)$$

因为负荷侧需求不可能一成不变，在分层控制中由于上层的时间尺度较长底层的时间尺度短，为了保证上层优化算法实时响应底层中负荷改变，设定每隔一段时间通过采取负荷侧的电压电流计算负荷功率，在将负荷功率重新送入一致性算法式（3-55）～式（3-57）更新，设定节点 1 靠近负荷侧，节点 1 最先感知负荷供需功率不平衡，此时将新采回的负荷值减去上一次负荷值作为节点 1 新的局部供需功率不匹配估计值将式（3-57）修改为：

$$P_{D,1}(t+1) = P_{load}(t+1) - P_{load}(t) \qquad (3-72)$$

其他节点的局部供需功率不匹配估计与节点 1 相互通信协调最终稳定到 0。在计算新的最优功率权重比值去重新调节底层下垂参数实现按照负荷需求最优调节底层逆变器出力。

3.6.3　二级控制策略

在大电网正常运行状态下，多智能体微电网工作在并网模式，维护多智能体微电网稳定性的任务主要由大电网来承担。当多智能体微电网进入孤岛运行模式时，失去了大电网的支撑，因此需要分布式节点内部控制维护整个系统的安全稳定运行。传统分层控制中二级控制采用集中式控制方法与分散式控制方法，集中式控制依靠中央控制器收集底层的信息统一计算处理得到最优值下发底层控制。集中式方法虽然控制精度高，调度方便但是对通信线路要求高，一旦中央控制故障会导致全网瘫痪。分散式控制各个受控对象仅需要利用本地采集信息作出决策，而无须与其他控制器进行信息交互，但是由于缺乏相邻节点的通信难以实现整体的控制。分布式控制采用稀疏通信网络，仅需控制器间有限的信息交互，更具有鲁棒性、可扩展性。

为了保证多智能体微电网电能质量的要求，本文基于多智能体系统提出了多智能体微电网分布式控制策略，二级控制采用分布式控制方法对电压偏差进行调节，分布式控制器在周期为 T_s 的时钟驱动下节点与相邻智能体交互、更新状态信息。每个节点的控制器采集本地节点电压 U_{Ni} 根据一致性算法公式［见式（3-73）］迭代收敛到 U_{ave}，通过 PI 控制器调节电压偏差，修正下垂控制的参考电压使各个节点电压在允许的范围内以及保证 PCC 端电压稳定要求。根据所提策略通过优化下垂控制的参考电压，实现多智能体微电网安全稳定运行。

$$U_i[k+1] = \sum_{j=1}^{n} d_{ij} U_i[k], \, i = 1, 2, \cdots, n \qquad (3-73)$$

3.6.4　一级控制策略

传统下垂控制是使逆变器的输出电压和频率与逆变器出口有功功率和无功功率满足下垂曲线关系。传统下垂控制是按照节点的容量比例分配负荷，没有综合考虑节点的成本，可能发电成本高的节点多承担负荷，而发电成本低的节点承担负荷的能力小，从而造成系统不经济运行。传统下垂控制模仿电力系统一次调频特性，当系统负荷增大时，底层节点逆变器输出的有功功率按下垂曲线将增大，而负荷功率也因系统频率下降按频率特性减小，最终在这个负反馈过程共同作用下达到新的平衡点 b，如图 3－21 所示。

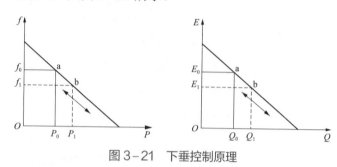

图 3－21　下垂控制原理

下垂控制公式：

$$f = f_0 + (P_0 - P)m_{\mathrm{p}} \tag{3－74}$$

式中　　m_{p}——下垂系数；

　　　　P_0——额定有功功率；

　　　　P——实际所发有功功率；

　　　　f_0——额定频率。

$$E = E_0 + (Q_0 - Q)n_{\mathrm{q}} \tag{3－75}$$

式中　　n_{q}——下垂系数；

　　　　Q_0——额定无功功率；

　　　　Q——实际所发无功功率；

　　　　E_0——额定电压。

系统中各个节点应合理承担需求侧的负荷并且保证多智能体微电网的稳定运行，传统下垂控制方法受到线路阻抗，有功、无功功率耦合作用影响，导致功率分配精度差甚至影响系统稳定性，因此引入基于 MAS 分层控制策略改善系统的运行状况。

这里提出的分层控制策略中权重系数是实现三级分布式算法与一级控制连接的关键。针对本文设定的目标函数三级控制只考虑有功功率，由式（3－63）推导出逆变器实际有功功率输出：

$$P_{\mathrm{实际}i} = P_{0i} + \frac{f - f_0}{m_{\mathrm{p}i}} \tag{3－76}$$

通过改变 P_{0i}、m_{pi} 改变输出功率 $P_{\text{实际}i}$。

采用下垂控制的主要目的是实现各台互相并联的逆变器的输出功率可以按照负荷侧要求合理分配，功率分配的环节主要靠调节下垂曲线参数 P_{0i}、m_{pi} 来实现。

当逆变器实际发出的功率满足式（3-77）时，就可以完成一级控制与三级控制结合实现系统最优的经济目标。将式（3-76）带入式（3-77），此时若存在式（3-78）比例的关系，式（3-77）成立。

$$P_{\text{实际}1} : P_{\text{实际}2} : P_{\text{实际}3} = K_1 : K_2 : K_3 \tag{3-77}$$

下垂曲线中参数与权重系数的关系：

$$m_{P1}K_1 = m_{P2}K_2 = \cdots = m_{Pi}K_i$$
$$\frac{P_{01}}{K_1} = \frac{P_{02}}{K_2} = \cdots = \frac{P_{0i}}{K_i} \tag{3-78}$$

式中　K_1、K_2、$\cdots$、K_i——功率比（权重系数）；

　　　m_{P1}、m_{P2}、$\cdots$、m_{Pi}——下垂系数；

　　　P_{01}、P_{02}、$\cdots$、P_{0i}——额定功率。

底层三个逆变器并联，以第一个节点为基准（首先确定 P_{01}、m_{P1}）按照权重系数比例去调整其他两个节点的实际输出：

$$P_{\text{实际}1} = P_{01} + \frac{f - f_0}{m_{P1}} = K_1\left(P_{01} + \frac{f - f_0}{m_{P1}}\right)$$
$$P_{\text{实际}2} = P_{02} + \frac{f - f_0}{m_{P2}} = K_2\left(P_{01} + \frac{f - f_0}{m_{P1}}\right) \tag{3-79}$$
$$P_{\text{实际}3} = P_{03} + \frac{f - f_0}{m_{P3}} = K_3\left(P_{01} + \frac{f - f_0}{m_{P1}}\right)$$

在二级控制中只考虑无功方面，改进原下垂式（3-75）为式（3-80），利用分布式算法求取的电压与各个节点的电压偏差调节以实现系统稳定运行。

$$U_{\text{droop}} = U_i^* - n_i(Q_{\text{LPF}i} - Q_i^*) + (U_{\text{ave}} - U_{\text{N}i}) \tag{3-80}$$

式中　U_{droop}——下垂参考电压；

　　　U_i^*——额定电压；

　　　n_i——下垂系数；

　　　$Q_{\text{LPF}i}$——实际无功功率；

　　　Q_i^*——给定无功功率；

U_{ave} ——本地节点收敛电压；

U_{Ni} ——控制器采集的本地节点电压。

如图 3-22 所示为多智能体微电网分层控制架构，各个分布式逆变器采集增量成本、局部估计供需功率不匹配等信息送入三级控制中完全分布式算法，对整个系统优化求解出各个节点的最优值。由于一级控制采用分布式控制不存在领导

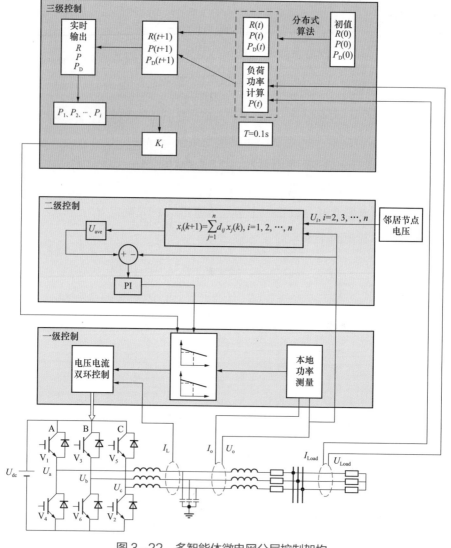

图 3-22 多智能体微电网分层控制架构

者，各个逆变器地位相同，三级控制算法计算各个节点的最优功率通过推导出底层相应逆变器的权重系数，从而调节相应的下垂曲线参数［见式（3－77）］。由于负荷是不可控的，为了积极响应系统中负荷变化，实时采取负荷功率并将其值作为上层算法新的控制变量，再次送入分布式算法中进行优化求解，重新更新权重系数不断修正下垂曲线最终在满足各个节点达到增量成本一致的同时实现底层功率按经济最优分配。三级控制可以提高下垂控制的功率分配精度降低系统运行成本，实现多智能体微电网经济运行。二级控制利用分布式算法求取平均电压与底层各个逆变器电压值偏差进行调节，保证系统无功平衡以及各个节点电压稳定在正常范围内。

3.6.5　基于多智能体微电网分层控制仿真验证

Matlab 仿真示意图如图 3－23 所示，三级控制中节点输出如图 3－24 所示。

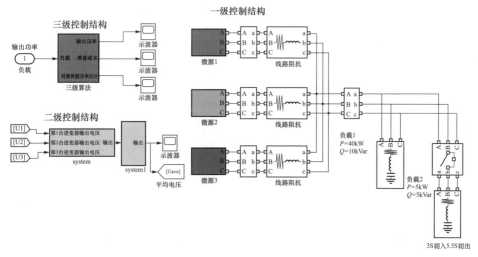

图 3－23　Matlab 仿真示意图

由图 3－24（a）中可以看出在 0.15s 时有一个较大的波动，由于此时的每个节点局部供需功率不匹配估计值与最初的给定的初值存在偏差。初始负荷为 40kW，3～6.5s 投入一个 5kW 的负荷，6.6s 以后负荷侧需求恢复到 40kW。由于采样时间的间隔，在 3.15s 和 6.55s 时出现了较大的尖峰，稳定时每个节点局部估计供需功率偏差为 0；图 3－24（b）中可以看出三级控制算出在 0～3s 时，3 个节点经过短暂的调节过程，最终节点 1 的输出功率稳定在 18kW，节点 2 的输出功

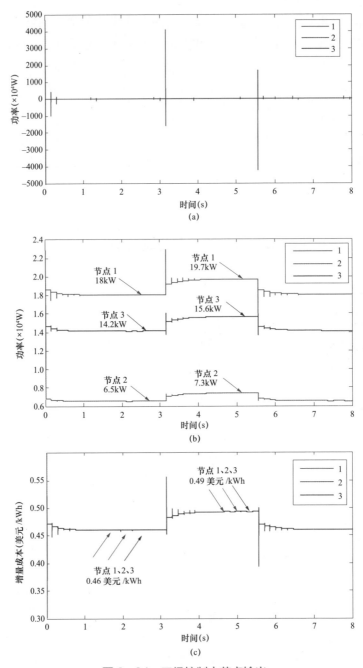

图3-24 三级控制中节点输出

（a）局部供需功率不匹配估计；（b）上层计算最优功率；（c）增量成本

1、2、3—分别是节点1、2、3的功率

率稳定在 5.5kW，节点 3 的输出功率稳定在 14.2kW，在 3.1～6.6s 由于负荷增加，调节稳定后节点 1 的输出功率为 19.7kW，节点 2 稳定在 16.6kW，节点 3 稳定在 7.3kW，6.6s 恢复到负荷改变前的状态；图 3-24（c）中所示为 0.5s 时，3 个节点的增量成本达到一致，其值为 0.46 美元/kWh，在 3.1～6.6s 增量成本为 0.49 美元/kWh，6.6s 后又恢复到负荷阶跃前状态 0.46 美元/kWh。

一级控制中逆变器实际输出有功功率如图 3-25 所示：供应功率 P_{G1} 在 1s 稳定在 18.5kW，3.1～6.6s 负荷阶跃经过短暂调节最终稳定在 19.7kW，6.7s 稳定到负荷阶跃前的状态；供应功率 P_{G2} 在 1s 稳定在 5.0kW，3.1～6.6s 稳定在 7.3kW，6.7s 后稳定在 5.0kW；供应功率 P_{G3} 在 1s 稳定在 14.2kW，3.1～6.6s 稳定在 16.6kW，6.7s 稳定在 14.2kW，3 个节点的总和满足负荷侧需求，如图 3-26 所示。

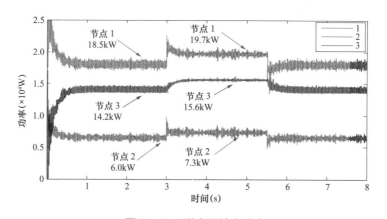

图 3-25　逆变器输出功率

1、2、3—分别是节点 1、2、3 的功率

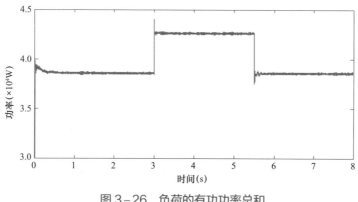

图 3-26　负荷的有功功率总和

如图 3−27（a）所示 PCC 端电压在 0.4s 达到稳定为 374V，由于在 3s 时负荷功率阶跃导致电压波形出现一个较大的波动，负荷侧无功需求变大，供应侧无法瞬时补偿所需无功，因此电压下降最终稳定在 370V，切除负载后时电压回到 374V；根据快速傅氏变换（fast fourier transformation，FFT）分析 PCC 端相电压畸变率，如图 3−28（a）可以看出投入负载前总谐波失真 THD＝0.08%，图 3−28（b）可以看出增加负荷后 THD＝0.08%，图 3−28（c）可知切除负载后 THD＝0.1%，PCC 端电压满足电能质量要求；图 3−27（b）为 PCC 端频率，在 0.8s 达到稳定 50.02Hz，在 3s 后由于负荷增加，供应侧相对输出有功功率减少导致频率向下波动最终稳定在 50.01Hz，6.5s 后增加的负荷被切除此时频率回升经过短暂调节后稳定在 50.02Hz，因此 PCC 端频率满足电能质量要求。

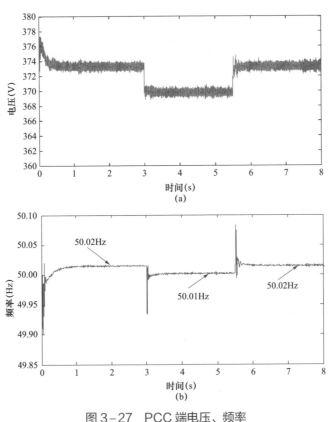

图 3−27 PCC 端电压、频率

（a）PCC 端电压；（b）PCC 端频率

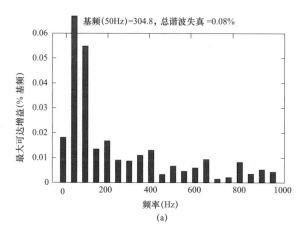

(a)

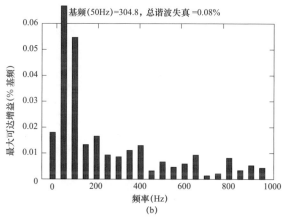

(b)

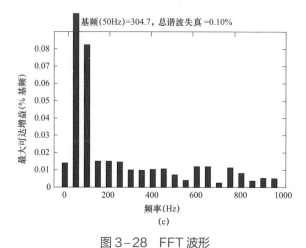

(c)

图 3-28 FFT 波形

（a）负载投入前；（b）负载投入时；（c）负载切除后

图 3-29 为二级控制后的各个节点的无功功率，初始负荷无功功率为
10kvar，3～6.5s 投入一个负荷无功功率为 5kvar，6.6s 后切除 5kvar 负荷。因
为二级调节为秒级，初始经过 1s 的暂态调节系统达到稳定状态，此时节点 1
稳定在 5556var，节点 2 稳定在 5532var，节点 3 稳定在 1919var，多余无功功
率为线路损耗消耗，3s 增加负荷功率经过短暂调节达到稳定状态此时节点 1
稳定在 8631var，节点 2 稳定在 7487var，节点 3 稳定在 2372var，6.5s 切除负
荷，各个节点的无功恢复到初始稳定状态。图 3-30 为负荷侧实际无功需求的
总和。

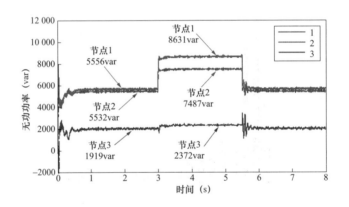

图 3-29 逆变器的无功

1、2、3—分别是节点 1、2、3 的功率

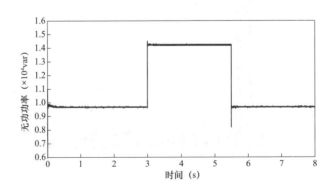

图 3-30 负荷的无功功率总和

　　二级控制为基于分布式控制计算系统的平均电压，如图 3-31 所示，负荷阶跃前稳定在 215.7V，经过负荷阶跃后稳定在 216.3V，切除负荷后恢复到初始稳定状态，系统的平均电压满足电能质量要求。系统中各个节点的单相电压的有效值如图 3-32 所示，0～3s 时经过快速的暂态调节节点 1 稳定电压为 217V，节点 2 稳定在 215.3V，节点 3 稳定在 215.6V，负荷阶跃后系统调节后重新达到稳定节点 1 为 216.7V，节点 2 为 214.5V，节点 3 为 216.2V。对各个节点相电压畸变率进行 FFT 分析，如图 3-33 所示，节点 1 相电压的负载阶跃前 THD=0.09%，负载阶跃后 THD=0.08%。图 3-34 为节点 2 相电压的 FFT 分析，负载阶跃前 THD=0.13%，负载阶跃后 THD=0.11%。图 3-35 为节点 3 相电压的 FFT 分析，负载阶跃前 THD=0.21%，负载阶跃后 THD=0.11%。因此所建立的多智能体微电网模型中各个节点的相电压满足电能质量要求。

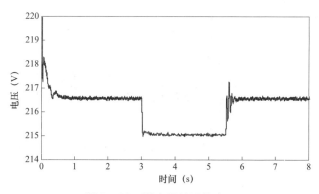

图 3-31　逆变器的平均电压

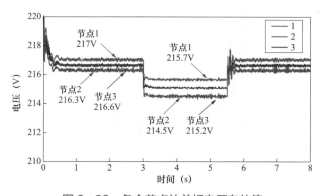

图 3-32　各个节点的单相电压有效值

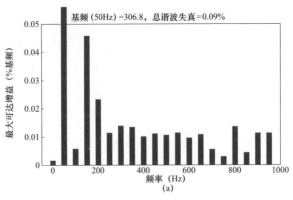

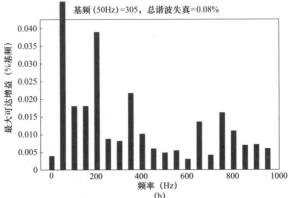

图 3-33　节点 1 电压 FFT 分析

（a）负载投入前；（b）负载投入后

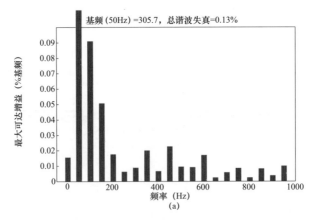

图 3-34　节点 2 电压 FFT 分析（一）

（a）负载投入前

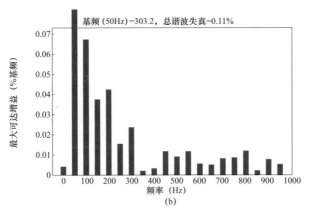

图 3-34　节点 2 电压 FFT 分析（二）

（b）负载投入后

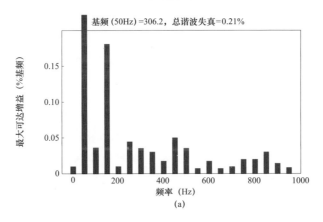

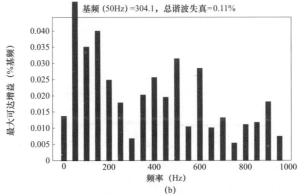

图 3-35　节点 3 电压 FFT 分析

（a）负载投入前；（b）负载投入后

3.6.6　不同控制策略发电成本对比

建立以微型燃气轮机、光伏+蓄电池以及燃料电池三节点的多智能体微电网模型，成本参数见表3-5，设定系统初始负荷为40kW，验证负荷改变时算法的适用性，另增加一个5kW的负荷。分别用传统集中式控制策略、分散式控制策略以及本文提出的分布式控制策略做比较成本效益见表3-6。

表3-5　　　　　　　　　　各分布式单元成本函数系数

参数	光伏+蓄电池	微型内燃机	燃料电池
γ（美元/kW²h）	0.01	0.02	0.011
β（美元/kW²h）	0.1	0.2	0.15
α（美元/h）	0.001 5	0.04	0.015

注　γ、β、α为成本函数系数。

集中式控制策略最优功率如图3-36所示，供应功率P_{G1}在经过短暂调节过程稳定在16.6kW，3s负荷阶跃调节后稳定在17.3kW，6.5s稳定到负荷阶跃前的状态；供应功率P_{G2}，初始短暂调节稳定在16.6kW，负荷阶跃后稳定在17.3kW，6.5s切除负荷时最终稳定负荷阶跃前的状态；供应功率P_{G3}，初始短暂调节稳定在7.8kW，负荷阶跃后稳定在8.3kW，6.5s切除负荷后最终稳定到初始状态。分散式控制策略最优功率如图3-37所示，P_{G1}，经过短暂调节过程稳定在22.7kW，3s负荷阶跃调节后稳定在26.5kW，6.5s稳定到负荷阶跃前的状态；P_{G2}，初始短暂调节稳定在11.1kW，负荷阶跃后稳定在12.7kW，6.5s切除负荷时最终稳定负荷阶跃前的状态；P_{G3}，初始短暂调节稳定在6.66kW，负荷阶跃后稳定在5.4kW，

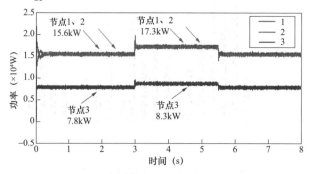

图3-36　集中式控制策略最优功率

1、2、3—分别是节点1、2、3的功率

6.5s 切除负荷后最终稳定到初始状态。分布式控制策略最优功率如图 3-37 所示。通过对比三种算法，当初始负荷为 40kW 时，以集中式控制方法为基准，分散式控制节约 3.7%的发电成本而分布式控制节约了 16.13%的发电成本；当负荷阶跃到 45kW 时，相对比集中式控制策略分散式控制节约了 0.24%的发电成本，而分布式控制策略节约了 24%的发电成本。

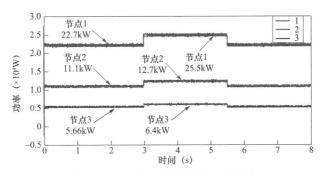

图 3-37　分散式控制策略最优功率

表 3-6　　　　　　　　　　　不同方法间成本的对比

方法	负荷阶跃前成本（美元/h）	负荷阶跃后成本（美元/h）
集中式控制策略	13.88	15.33
分散式控制策略	13.36	15.29
分布式控制策略	11.78	12.41

3.7　线路辨识分层控制方法

3.7.1　辨识的意义

　　线路作为电力系统中广泛存在的基础元件，其参数在继电保护、系统可靠性分析、系统调度与控制中有巨大意义，量测值准确与否直接关系系统的安全和稳定。而在多智能体微电网中，线路参数与逆变器的运行、保护与控制更是密切相关。线路阻抗参数在实际运行过程中它并不是固定不变的，随着环境温度、气候条件、大地电阻率等因素的变化，线路参数可能会偏离。同样的，在变流器并联功率分配过程中，很小的虚拟阻抗差异也会造成较大的功率分配误差。鉴于本文所提策略的前提也使用到线路阻抗参数，因此本文采用带遗忘因子的 RLS 在线算法，利用中央控制器传输母线电压参数，对线路参数进行在线辨识。

3.7.2 RLS 辨识方法

最小二乘理论自 Karl Gauss 提出以来，现已成为参数估计的主要手段。最小二乘算法作为系统辨识中参数估计的最基本方法，以递推最小二乘算法应用最广，与一般最小二乘方法相比，它不需要大矩阵求逆运算，计算量小、计算速度快且收敛速度快，可实时在线应用。

为应用 RLS 算法，首先对线路建模。多智能体微电网一般为低压网络，传输距离较短，线路阻抗以阻性为主，因此区别于复杂的高压线路阻抗模型，本文将线路等效为简单电感电阻串联模型。线路辨识模型如图 3-38 所示。

图 3-38　线路辨识模型

图中，u_i 为逆变器输出电压，u 为电网电压，待辨识的线路阻抗参数分别为 R_{line} 和 L_{line}，由图 3-38 可得：

$$U_{\text{RL}} = U_i - U = R_{\text{line}}I_{\text{line}} + L_{\text{line}}\frac{\mathrm{d}I_{\text{line}}}{\mathrm{d}t} \qquad (3-81)$$

式中　U_{RL} ——线路阻抗电压；

　　　U_i ——逆变器输出电压；

　　　U ——输出电压；

　　　I_{line} ——线路电流。

采用欧拉法将上述连续过程离散化，采样时间为 T_s，可得：

$$I_{\text{line}}(k) = aI_{\text{line}}(k-1) + b[U_i(k) - U(k)] \qquad (3-82)$$

式中　a、b ——中间变量；

　　　k ——当前时刻。

其中中间变量 a 和 b 分别为：

$$a = \frac{L_{\text{line}}}{R_{\text{line}}T_s + L_{\text{line}}}$$
$$b = \frac{T_s}{R_{\text{line}}T_s + L_{\text{line}}} \qquad (3-83)$$

由式（3-83）可得线路阻抗：

$$R_{\text{line}} = \frac{1-a}{b}$$

$$L_{\text{line}} = \frac{aT_{\text{s}}}{b} \tag{3-84}$$

至此，可得线路参数辨识的最小二乘格式：

$$y(k) = \boldsymbol{\Phi}^{\text{T}}(k)\theta + \xi(k) \tag{3-85}$$

其中：$y(k) = I_{\text{line}}(k)$，$\boldsymbol{\Phi}^{\text{T}}(k) = [I_{\text{line}}(k-1) \quad U_{\text{RL}}(k)]$，$\xi(k)$ 为模型残差。

递推最小二乘算法为：

$$\hat{\theta}(k+1) = \hat{\theta}(k) + \boldsymbol{K}_{k+1}[y(k+1) - \boldsymbol{\Phi}^{\text{T}}(k+1)\hat{\theta}(k)]$$

$$\boldsymbol{K}_{k+1} = \frac{\boldsymbol{P}_k\boldsymbol{\Phi}(k+1)}{\lambda + \boldsymbol{\Phi}^{\text{T}}(k+1)\boldsymbol{P}_k\boldsymbol{\Phi}(k+1)} \tag{3-86}$$

$$\boldsymbol{P}_{k+1} = \lambda^{-1}[\boldsymbol{P}_k - \boldsymbol{K}_{k+1}\boldsymbol{\Phi}^{\text{T}}(k+1)\boldsymbol{P}_k]$$

式中　　$\boldsymbol{K}_{k+1}$——修正系数矩阵；

　　　　$\boldsymbol{P}_k$——协方差阵，其初值为 $\boldsymbol{P}_0 = \alpha\boldsymbol{I}$（$\boldsymbol{I}$ 为单位矩阵，$\alpha = 10^4 \sim 10^6$）；

　　　　λ——遗忘因子。

λ 的作用是以指数速度逐渐遗忘老数据的影响，突出新数据的作用，从而克服递推最小二乘法的数据饱和现象。λ 值越小，遗忘越快，但更小的遗忘因子将使辨识结果波动过大，一般取值为 $0.95 \leqslant \lambda \leqslant 0.995$。每个采样时间都将更新参数 a 和 b，从而获取线路阻抗估计值 R 和 L。

基于 RLS 的分层控制策略如图 3-39 所示，改进的下垂控制策略主要采集本地信息，可快速响应负荷变化，保留了下垂控制分布式控制的特性。同时由于现有电网的信息传输要求，利用单相低速通信线采集母线信息，传输至本地控制器用于线路参数辨识，实际上并未增加系统的投资。

3.7.3　线路辨识仿真分析

3.7.3.1　算法验证

首先进行 RLS 算法有效性验证，在 Simulink 环境下中搭建二阶离散传递函数模型，初始模型分子系数分别为采集输入输出 $N_1 = 2$、$N_2 = 0.2$、$D_1 = 1$、$D_2 = 0.1$，在 0.3s 时，模型变为 $N_1 = 3$、$N_2 = 0.15$、$D_1 = 0.5$、$D_2 = 1$。在 0.6s 时再将模型变回初始，观察算法对模型参数辨识的准确性和跟踪能力。理想模型辨识仿真如图 3-40 所示。

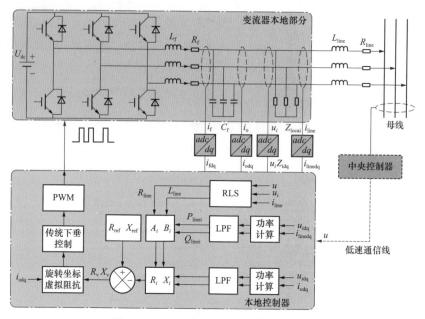

图 3-39　基于 RLS 的分层控制策略

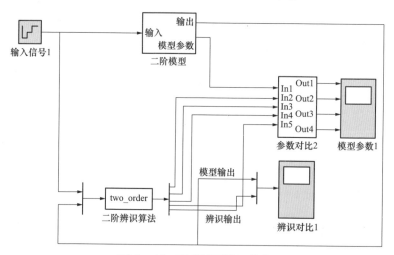

图 3-40　理想模型辨识仿真

　　由图 3-41 知，由于初次输入输出参数值皆为准确值，辨识速度很快。相比之下 0.3s 后和 0.6s 后，输出参数受上一次模型输出的影响，辨识过程较第一次需要更多次迭代，在图 3-42 中表现为无法及时跟踪实际模型输出，且第二次变化相较第一次跟踪时间更久。因此，合理地选择遗忘因子，对辨识效果至关重要，下面就遗忘因子的选择做验证。辨识参数仿真如图 3-41 所示，模型输出对比如图 3-42 所示。

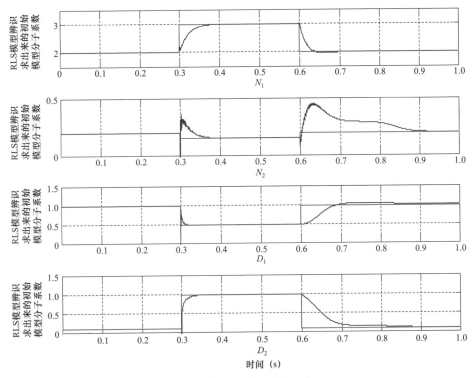

图 3-41　辨识参数

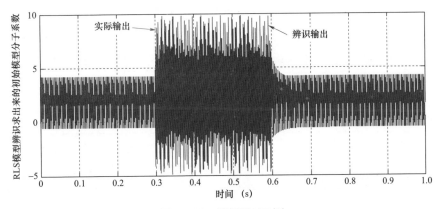

图 3-42　模型输出对比

3.7.3.2 遗忘因子选择验证

线路参数辨识结果如图 3−43 所示。

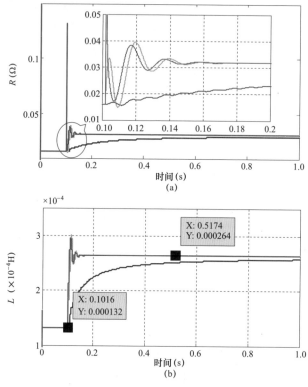

图 3−43　线路参数辨识结果

（a）电阻；（b）电感

在 Simulink 环境中搭建单节点并网模型，线路参数为 $R_{line}=0.016\ 05\Omega$，$L_{line}=1.32\mathrm{e}^{-4}\mathrm{H}$，在 $t=0.1\mathrm{s}$ 时线路参数变为 $R_{line}=0.032\ 1\Omega$，$L_{line}=2.64\mathrm{e}^{-4}\mathrm{H}$，分别采用不同的遗忘因子，观察辨识结果见表 3−7。表 3−7 中，蓝色为 $\lambda=1$，绿色为 $\lambda=0.995$，红色为 $\lambda=0.95$。

表 3−7　　　　　　　　　　辨 识 效 果 对 比

参数		$\lambda=1$	$\lambda=0.995$	$\lambda=0.95$
R	最大超调	0	53.3%	311%
	过渡时间（s）	>3	0.08	0.068
L	最大超调	0	14.2%	11.9%
	过渡时间（s）	>3	0.08	0.068

辨识过程中的相关数据见表 3-7，由图 3-43 和表 3-7 可知，RLS 辨识精度高，所有参数辨识误差均小于 0.5%。当未采用遗忘因子时，由于旧数据的影响，很难及时跟踪线路参数变化，本次仿真中 1s 时仍未达到实际值，但仍有趋近趋势。对比采用遗忘因子的两组实验，$\lambda = 0.95$ 时虽然遗忘速度相对较快，但偏移量过大，这对于虚拟阻抗的选取极为不利，因此下文算例中将采用 $\lambda = 0.995$ 的遗忘因子。

3.7.3.3　线路辨识分层控制仿真

为验证加入辨识后的分层控制策略有效性，进行仿真验证。如图 3-44 所示，在 1s 前采用传统下垂控制策略并联，逆变器间无功功率分配存在误差，功率未按容量分配。在 1s 时加入 RLS 改进策略，2s 时增加负荷同时进行预同步，3s 时并网，4s 时改变多智能体微电网与大电网交互功率。由仿真结果可知，加入辨识后的分层控制，可有效解决功率传输阻抗不匹配下的功率分配误差问题，且系统对通信的依赖很低，易实现分布式控制，从而达到节点即插即用的目标。

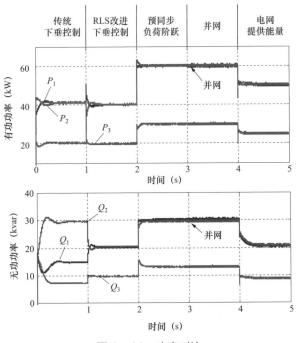

图 3-44　功率对比

第4章

基于分层控制的并联逆变器控制技术

4.1 多智能体微电网接口逆变器控制技术

4.1.1 单元级

多智能体微电网中可再生能源产生的电能无法直接供应负荷，DG 需要通过逆变器接入公共母线，因此接口逆变器的控制是多智能体微电网控制的核心。针对多智能体微电网接口逆变器的控制方式有：恒压恒频（V/f）控制、恒功率（PQ）控制、下垂（droop）控制和虚拟同步发电机（VSG）控制等，下面分别进行介绍。

4.1.1.1 恒压恒频（V/f）控制

V/f（恒压恒频）控制旨在使逆变器输出一定的电压幅值和频率，其输出电流的大小随负荷的变化而变化，因此工作在 V/f 模式的逆变器可视为电压源，简单得多智能体微电网中只有一台逆变器工作在该模式。多智能体微电网中储能电池的逆变器（power conversion system，PCS）一般工作在该模式。

恒压恒频控制策略如图 4-1 所示，电压和频率的给定值一般为多智能体微电网交流母线额定电压，通过输出电压和电流反馈，在电压电流双环控制下实现给定电压跟踪。

4.1.1.2 恒功率（PQ）控制

PQ 控制旨在使逆变器输出一定的有功功率和无功功率，其输出不随系统负荷的变化而变化，因此工作在 PQ 模式的逆变器可视为电流源。事实上，多智能体微电网中大部分风机逆变器和光伏逆变器都工作在 PQ 模式，即多智能体微电网中工作在 PQ 控制的逆变器是大量的。

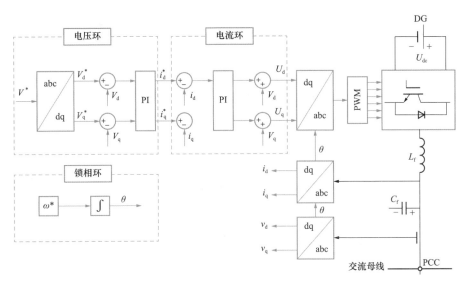

图 4-1　恒压恒频控制框图

恒功率控制策略如图 4-2 所示，图中，P^* 为有功功率参考值、Q^* 为无功功率参考值，功率环计算得逆变器输出电流参考值后，电流内环完成对给定电流的跟踪，由图可知，d 轴仅与逆变器有功功率相关，q 轴仅与逆变器无功功率相关，逆变器功率控制实现了解耦。恒功率（PQ）控制通过锁相环（phase lock loop，

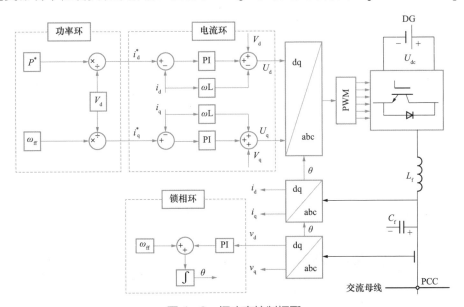

图 4-2　恒功率控制框图

PLL）跟踪逆变器出口电压相位，因此当系统中无提供电压支撑的电源时，PQ 模式的逆变器无法单独工作。

4.1.1.3 下垂控制

下垂控制旨在使逆变器的输出电压和频率与逆变器出口有功功率和无功功率满足下垂曲线关系，其输出电流的大小随负荷的变化而变化，但与 V/f 控制策略不同，下垂控制实际上存在负反馈过程，因此多智能体微电网中可有多台逆变器工作在该模式。下垂控制策略在并离网情况下均适用。

按照自变量和因变量不同，下垂控制策略分为正下垂和倒下垂，控制策略如图 4-3 所示。下垂控制策略与传统发电机运行特性一致，有利于并网状态下电力系统对多智能体微电网动态特性的兼容，同时功率的检测相比频率的检测更为精准，易于实现。而倒下垂控制在输出功率响应速度和抗电网扰动性能方面性能更优。

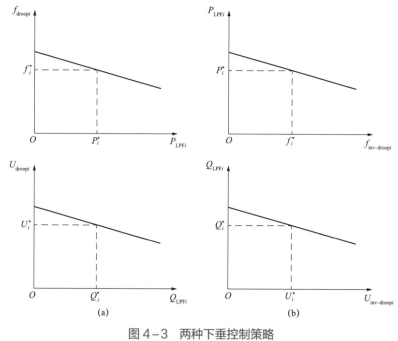

图 4-3 两种下垂控制策略

（a）下垂控制特性；（b）倒下垂控制特性

4.1.1.4 虚拟同步发电机控制

虚拟同步发电机控制旨在使逆变器的外特性与传统同步发电机组类似，有效解决系统欠阻尼和低惯性的问题，从而可实现对电网电压和频率稳定方面起支撑作用和多逆变器无通信线并联。目前世界各国学者针对虚拟同步发电机的各种特性提出了不同的方案，在兼顾并离网特性、抑制功率波动、克服系统非线性影响等方面各有所长。另一方面，全面模仿同步发电机组的特性，也可能会引入同步发电机固有的缺点，比如功率响应差，次同步振荡等。

挪威 VSM（virtual synchronous machine）基本控制框图如图 4-4 所示。图 4-4 中，J 为转动惯量，K_d 为功率下垂系数，电压环的加入使该方案在高开关频率下有较好的输出特性。指出通过一定的等效关系，虚拟同步发电机控制与下垂控制具有对等性。

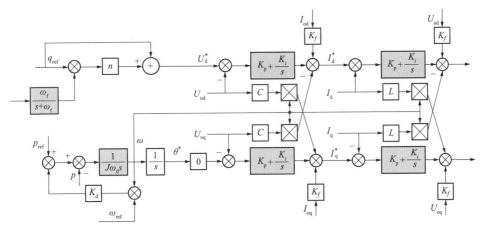

图 4-4　VSM 基本控制框图

4.1.2　系统级

针对由多逆变器并联组成的多智能体微电网系统级控制策略，可大致分为三类：主从控制、对等控制和分层控制。

4.1.2.1　主从控制

主从控制结构如图 4-5 所示，当 PCC 处开关闭合即多智能体微电网处于并网状态时，多智能体微电网内部频率和电压因大电网的支持可保持相对稳定，此时所有的节点逆变器均采用 PQ 控制，功率的大小一般由功率控制单元给定。而当 PCC 处开关断开时，多智能体微电网系统孤岛状态，失去系统频率和电压支撑，因此需要有一台逆变器担任大电网的角色，称之为主逆变器，工作在恒压恒频（V/f）控制模式；其余逆变器作为从逆变器继续工作在 PQ 控制模式。由于储能电池输出功率可控，一般选为主逆变器，因此需要进行并离网状态下 V/f 控制模式和 PQ 控制模式相互切换。

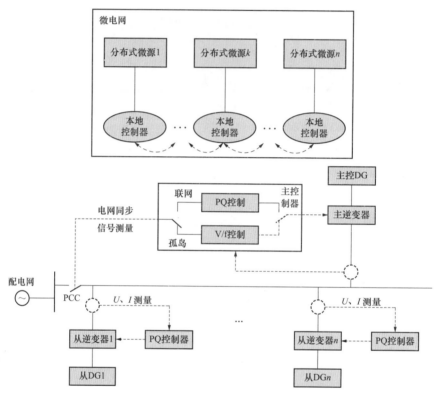

图 4-5 主从控制结构

主从控制方式实现简单，稳定性好，在目前多智能体微电网示范基地中被广泛应用。但是，整个系统过分依赖主逆变器，若其出现故障则系统无法在孤岛下运行，加之非计划性孤岛时模式切换难以做到迅速及时，系统可靠性和冗余性难以保证。

4.1.2.2 对等控制

对等控制如图 4-6 所示，所有节点逆变器均工作在下垂控制模式，不同节点之间地位相等，不需要通过通信联系就能实现较好的功率分配。当任意一台逆变器出现故障退出时，其他节点可根据下垂特性承担功率缺额，使系统重新达到稳定，因此对等控制具有冗余性，易于实现"即插即用"。同时，对等控制下逆变器控制策略在并离网状态均适用。

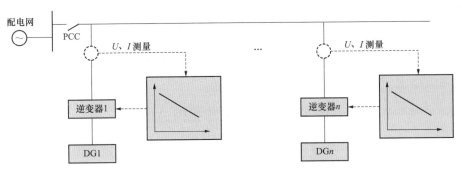

图 4-6　对等控制结构

　　但是，由于对等控制完全不使用通信，下垂控制固有的电压和频率调整误差无法解决，将导致多智能体微电网系统电能质量下降。其次，系统在并离网模式切换时系统功率波动较大，可能会引起冲击和过流。

4.1.2.3　分层控制

　　分层控制策略同于主从和对等控制策略的关键在于多智能体微电网中央控制器（microgrid central controller，MGCC），MGCC 主要用来对整个多智能体微电网中的各个节点下发指令，所有逆变器控制器仍采用下垂控制。如图 4-7 所示，分层控制通过 MGCC 和逆变器控制器构成的三层控制架构协调配合，可保障即使通信中断，底层逆变器之间仍可工作在无通信线并联模式，多智能体微电网不会直接停运。

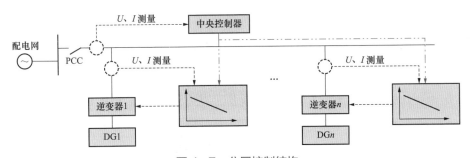

图 4-7　分层控制结构

　　因此，分层控制相比于主从控制结构对通信联系的依赖性不强。而 MGCC 对多智能体微电网的能量管理和控制相比对等控制优势更显著，对多智能体微电网的电能质量控制更有效。可以说，分层控制策略结合了前两种控制策略的优点，是一种有前景的控制结构。

4.2 并联逆变器功率均衡技术分析与设计

4.2.1 基于下垂控制的逆变器控制策略原理分析

下垂控制策略是多逆变器并联的基础，因此首先就其原理进行分析介绍。逆变器下垂控制如图 4-8 所示，对于直流侧配备储能装置的多智能体微电网逆变器而言，可将其直流侧等效为一个恒定直流电压源 U_{dc} 中，逆变器输出经过滤波电感 L_f、滤波电容 C_f 滤除高次谐波后，分别向本地负荷 Z_{local} 和多智能体微电网母线供电，馈线阻抗为 $R_{line} + j\omega L_{line}$，$\omega$ 一般取系统频率为 50Hz 时的角频率。滤波器电容电压为 U_0，逆变器输出电流为 I_0，电感电流为 I_L。

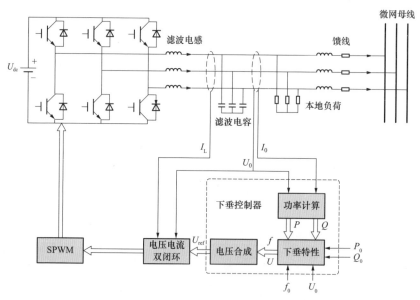

图 4-8 逆变器控制原理图

由图 4-8 可知，多智能体微电网逆变器控制模型主要包括功率下垂控制器模型和电压电流双闭环模型两部分。前者利用采集模块获取的逆变器输出电压、电流信息，根据功率计算单元求得瞬时输出功率，经低通滤波器滤波后作为下垂特性输入，然后按有功和无功功率下垂特性控制器，分别计算参考电压的频率和幅值并合成为 U_{ref}。电压电流双闭环通过滤波电容电压和电感电流反馈，控制逆变器输出电压跟踪参考电压 U_{ref}。在分析逆变器控制模型之前，先对三相逆变器进行数学建模。

4.2.1.1　三相逆变器在旋转坐标系下的数学模型

在如图 4-9 所示的逆变器控制原理图中，根据 KCL、KVL 定理可得滤波电感和电容满足如下方程：

$$
\begin{aligned}
L_{\text{f}} \frac{\mathrm{d}I_{\text{L}}}{\mathrm{d}t} &= U - U_0 \\
C_{\text{f}} \frac{\mathrm{d}U_0}{\mathrm{d}t} &= I_{\text{L}} - I_0
\end{aligned}
\tag{4-1}
$$

由于在常规坐标系下电压和电流信号均为正弦量，PI 控制器无法实现无静差控制，因此将上述方程投射到旋转坐标系下，从而将正弦量变为直流，3s2r 坐标变换公式为：

$$
F_{\text{dq}} = C_{\text{dq0}}^{\text{abc}} F_{\text{abc}}
\tag{4-2}
$$

其中 F_{abc} 为待变换的参数，F_{dq} 为变换后 dq 旋转坐标系下的参数，$C_{\text{dq0}}^{\text{abc}}$ 为变换因子，其值为：

$$
C_{\text{dq0}}^{\text{abc}} = \sqrt{\frac{2}{3}}
\begin{bmatrix}
\cos\omega t & \cos(\omega t - 2\pi/3) & \cos(\omega t + 2\pi/3) \\
-\sin\omega t & -\sin(\omega t - 2\pi/3) & -\sin(\omega t + 2\pi/3) \\
1/\sqrt{2} & 1/\sqrt{2} & 1/\sqrt{2}
\end{bmatrix}
\tag{4-3}
$$

将式（4-2）带入式（4-3）得逆变器在旋转坐标系下的电压电流状态方程：

$$
\begin{cases}
L_{\text{f}} \dfrac{\mathrm{d}I_{\text{Ld}}}{\mathrm{d}t} - \omega L_{\text{f}} I_{\text{Lq}} = U_{\text{d}} - U_{\text{od}} \\[2mm]
L_{\text{f}} \dfrac{\mathrm{d}I_{\text{Lq}}}{\mathrm{d}t} + \omega L_{\text{f}} I_{\text{Ld}} = U_{\text{q}} - U_{\text{oq}} \\[2mm]
C_{\text{f}} \dfrac{\mathrm{d}U_{\text{od}}}{\mathrm{d}t} - \omega C_{\text{f}} U_{\text{oq}} = I_{\text{Ld}} - I_{\text{od}} \\[2mm]
C_{\text{f}} \dfrac{\mathrm{d}U_{\text{oq}}}{\mathrm{d}t} + \omega C_{\text{f}} U_{\text{od}} = I_{\text{Lq}} - I_{\text{oq}}
\end{cases}
\tag{4-4}
$$

4.2.1.2　电压电流双闭环模型与设计

由式（4-4）可得基于前馈解耦控制策略的电压电流双环控制器，在图 4-9

中，通过电感电流 I_L 和电容电压 U_0 前馈实现 dq 轴解耦控制。

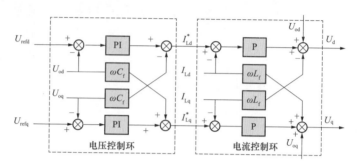

图 4-9 电压电流解耦控制框图

根据图 4-9，可设计 S 域的电压电流双环控制器如图 4-10 中外环为电压环，通过输出电压反馈采用 PI 控制器使负载电压稳态误差为零，电压控制器系数为 $K_{up} + K_{ui} / s$；内环为电流环，为提高系统的动态响应速度，内环采用 P 控制器，其系数为 K_{ip}。K_{pwm} 为逆变器的等效增益，一般取直流母线电压的一半，即 $K_{pwm} = U_{dc} / 2$。

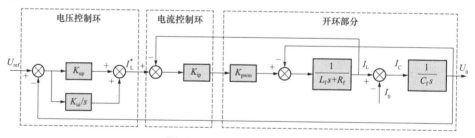

图 4-10 双环控制器框图

电流内环的输入为 I_L^*，输出为 I_L，则相应的闭环传递函数可得：

$$I_L = \frac{K_{ip}K_{pwm}C_f s}{L_f C_f s^2 + K_{ip}K_{pwm}C_f s + 1} I_L^* + \frac{1}{L_f C_f s^2 + (K_{ip}K_{pwm} + R_f)C_f s + 1} I_0 \quad (4-5)$$

电流内环控制器参数整定遵循：首先为保证系统的动态响应，输出频带要宽；其次要使扰动增益在工频范围尽量小。设电流内环控制器参数为 $K_{ip} = 5$，其他逆变器控制参数见表 4-1。

表 4-1   逆 变 器 控 制 参 数

$U_{dc}(V)$	$\omega_n(rad/s)$	$\omega_s(rad/s)$	$U_n(V)$	$R_f(\Omega)$	$L_f(mH)$	$C_f(\mu F)$
800	314	$2 \times 10^{-4}\pi$	380	0.01	2.5	5.55

绘制电流内环控制器的波特图如图 4-11 所示。由图 4-11 可知,当取 $K_{ip}=5$ 时,基波频率处电流增益 $I_L/I_L^*=1$,扰动增益 $I_L/I_0=0.000\,23$,因此在保证系统响应的情况下,极大地减小了扰动对输出的影响。虽然继续增大 K_{ip} 值动态性能会更好,但会影响系统的稳定性,因此此处折中考虑选取 $K_{ip}=5$ 为电流内环控制器参数。

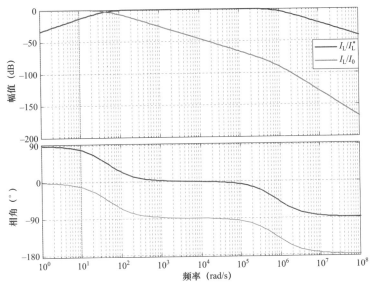

图 4-11　电流内环频域响应

同理,分别将 U_{ref}、U_0 作为电压环的输入和输出,则电压环传递函数为:

$$U_0 = \frac{K_{up}K_{ip}K_{pwm}s + K_{ui}K_{ip}K_{pwm}}{L_fC_fs^3 + C_f(R_f + K_{ip}K_{pwm})s^2 + (1+K_{up}K_{ip}K_{pwm})s + K_{ui}K_{ip}K_{pwm}}U_{ref}$$

$$-\frac{L_fs^2 + (R_f + K_{ip}K_{pwm})s}{L_fC_fs^3 + C_f(R_f + K_{ip}K_{pwm})s^2 + (1+K_{up}K_{ip}K_{pwm})s + K_{ui}K_{ip}K_{pwm}}I_0$$

(4-6)

式(4-6)可简单记为

$$U_0 = G(s)U_{ref} - Z_{eq}(s)I_0 \tag{4-7}$$

式中　$G(s)$——电压比例增益传递函数;

　　　Z_{eq}——逆变器等值输出阻抗。

可见电压外环控制器的设计需要综合考虑滤波器参数和控制器参数,一般情况下,滤波器参数需优先设计考虑,继而设计控制器参数满足控制中的动静态需求。LC 滤波器设计的采用无功容量最小方式确定:

$$\begin{cases} 10\omega_n \leqslant \omega_c \leqslant \omega_s/10 \\ L = \sqrt{\dfrac{\dfrac{\omega_n U_0^2}{\omega_c^2} + \dfrac{\omega_n^3 U_0^2}{\omega_c^4}}{\omega_n I_0^2}} \\ \omega_c = 1/\left(\sqrt{L_f C_f}\right) \end{cases} \tag{4-8}$$

式中 ω_c——LC 滤波器的谐振角频率；

       ω_n——调制波角频率，取 $\omega_n = 314\text{rad/s}$；

       ω_s——载波角频率。

以电压环的抗扰性能为目标，按典型 II 型系统设计电压外环控制器，在兼顾系统跟随性的基础上，按以下公式计算参数：

$$K_{up} = \frac{4C_f}{\tau_u + 3T_s} \tag{4-9}$$

$$K_{ui} = \frac{K_{up}}{5(\tau_u + 3T_s)} \tag{4-10}$$

式中 T_s——PWM 开关周期；

       τ_u——电压采样小惯性时间常数。

本文取 $\tau_u = T_s$。则计算得 $K_{up} = 0.1$，$K_{ui} = 50$，据此绘制 $G(s)$ 和 Z_{eq} 的频域响应曲线如图 4-12 所示。

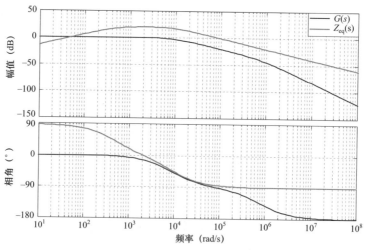

图 4-12 电压外环频域响应曲线

由图 4 – 12 可知，在当前选择的控制器参数下，电压比例增益传递函数 $G(s)$ 在工频处的幅值增益为零，即 $20\lg|G(s)|=0$，则实际增益为 $|G(s)|=1$，此时输出电压对给定值的误差为零，控制器跟踪效果最好。逆变器等值输出阻抗 Z_{eq} 在工频处为阻感性，可提供一定阻尼，同时感性等效输出阻抗符合下垂控制特性，有利于逆变器的控制。

4.2.1.3　多智能体微电网逆变器功率传输特性

由于多智能体微电网逆变器功率传输特性是其下垂控制策略的出发点，因此本节首先对功率传输特性进行分析。将逆变器和多智能体微电网母线间的所有阻抗等效为如图 4 – 13 所示的 $Z_{equ}=R+\mathrm{j}X$，阻抗角为 θ，设逆变器输出电压为 $U\angle\delta$，多智能体微电网母线电压为 $E\angle 0$。

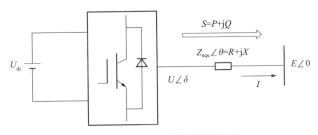

图 4 – 13　功率传输等效模型

由图 4 – 13 可知，逆变器输出电流为：

$$I=\frac{U\angle\delta-E\angle 0}{Z_{equ}\angle\theta} \tag{4-11}$$

逆变器输出复功率为：

$$S=P+\mathrm{j}Q \tag{4-12}$$

将式（4 – 11）代入式（4 – 12）中，可分别求出传输功率为：

$$P=\frac{E}{R^2+X^2}[R(U\cos\delta-E)+XU\sin\delta]$$

$$Q=\frac{E}{R^2+X^2}[-RU\sin\delta+X(U\cos\delta-E)] \tag{4-13}$$

在以感性为主的高压线路上，线路感抗远大于线路电阻，因此线路阻抗视为纯感性，$\theta=90°$。考虑到电压相位差 δ 很小，可近似认为 $\sin(\delta)\approx\delta$，$\cos(\delta)\approx 1$，则将式（4-13）化简为：

$$P = \frac{EU}{X}\delta$$
$$Q = \frac{E}{X}(U-E)$$

（4-14）

上式中，由于正常运行中的多智能体微电网母线电压 E 应保持相对稳定，其变化范围不大，可认为 $E = \mathrm{con}st$，因此根据式（4-14）知，当 $X \gg R$ 且电压相位差 δ 很小时，逆变器输出有功功率 P 取决于 δ，无功功率 Q 取决于逆变器输出电压 U。因此，可通过控制多智能体微电网中各个逆变器电压幅值和相角，从而调节相应节点的输出有功功率和无功功率。由于相角 δ 无法直接控制，一般根据 $2\pi f = \mathrm{d}\delta / \mathrm{d}t$，通过频率 f 来间接实现对 δ 的控制。

4.2.1.4 功率下垂控制器模型与设计

功率下垂控制器的思想源自传统同步发电机组的一次调频过程，如图 4-14 所示，当负荷增加时，燃气轮机转速将自动减小，从而导致系统频率下降，根据负荷特性负荷的需求将减小，因此系统将达到频率较低的一个新的稳定点。将此特性引入逆变器控制，当检测到输出功率变化后，按功率下垂特性人为改变逆变器输出电压和频率，即可将系统稳定在一定的范围内。由以上分析可知，逆变器无须机组间的通信协调，只需通过采集本地功率即可稳定系统，实现节点即插即用和对等控制目标，因此下垂控制广泛应用于无通信系统的功率自动分配。

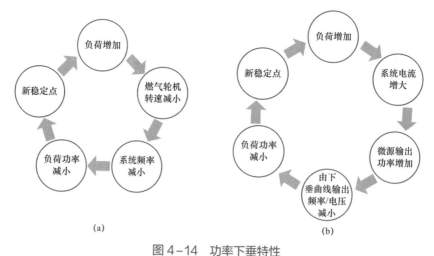

图 4-14 功率下垂特性

（a）传统电网一次调频过程；（b）微源下垂控制过程

传统的 $P-f$ 、$Q-U$ 下垂控制器方程为：

$$f_{\text{droop}i} = f_i^* - m_i(P_{\text{LPF}i} - P_i^*)$$
$$U_{\text{droop}i} = U_i^* - n_i(Q_{\text{LPF}i} - Q_i^*) \qquad (4-15)$$

式中　　m_i ——有功功率下垂系数；

　　　　n_i ——无功功率下垂系数；

　　　　U_i^* ——额定输出电压幅值；

　　　　f_i^* ——额定输出电压频率；

　　　　P_i^* ——有功功率参考值；

　　　　Q_i^* ——无功功率参考值；

$P_{\text{LPF}i}$ 、$Q_{\text{LPF}i}$ ——经过低通滤波的节点输出功率。

由计算得到的 $f_{\text{droop}i}$ 和 $U_{\text{droop}i}$ 即可求得逆变器输出电压参考值：

$$U_{\text{ref}} = U_{\text{droop}i} \sin\left(\int 2\pi f_{\text{droop}i}\,\mathrm{d}t\right) \qquad (4-16)$$

有功功率和无功功率下垂系数的取值，可采用如下公式计算：

$$m_i = \frac{f^* - f_{\min i}}{P_{\max i} - P_i^*}$$
$$n_i = \frac{U^* - U_{\min i}}{Q_{\max i} - Q_i^*} \qquad (4-17)$$

式中　　$f_{\min i}$ 、$U_{\min i}$ ——系统运行的最低频率和电压；

　　　　$P_{\max i}$ 、$Q_{\max i}$ ——节点可发出的最大有功功率和无功功率。

由于系统对下垂系数敏感，需同时考虑其对系统电压质量和逆变器性能的影响，折中选取下垂系数。因此下垂系数的选取要保证系统的稳定，通过上式计算出的下垂系数可保证节点运行在额定电压和频率附近，并满足国家标准对电能质量的要求：① 电压变化范围在 $\pm 5\%$ 以内；② 频率变化范围在 $\pm 1\text{Hz}$ 以内。下垂控制器仿真图如图 4-15 所示。

4.2.2　逆变器并联模型与分析

4.2.2.1　功率均衡与环流的提出

多台逆变器经传输线路并联于同一母线构成多逆变器并联系统，如图 4-16 所示，n 台逆变器共同向处于母线的公共负荷供电，功率均衡的目标即为逆变器

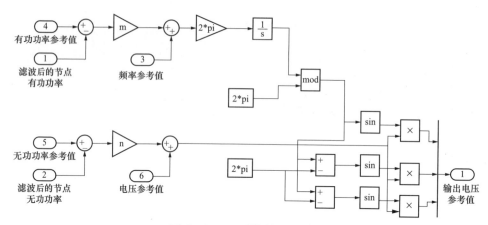

图 4-15 下垂控制器仿真图

按各自容量在系统总容量中的占比去承担负荷功率。但逆变器输出功率与等效输出阻抗存在耦合关系，节点控制器设计差异、线路阻抗参数和本地负荷不同，都会导致逆变器等效输出阻抗差异，对负荷功率均衡分配产生较大影响，同时，采样干扰、参数漂移等不可抗拒因素也将使情况恶化。

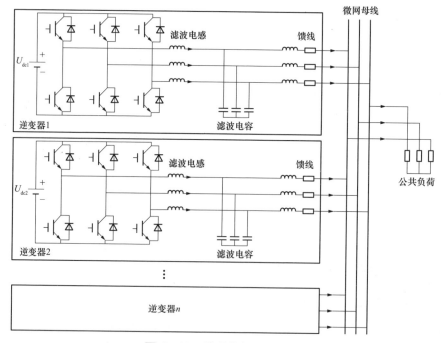

图 4-16 并联逆变器主电路

由于多逆变器并联系统的直流侧没有直接相连，不存在从直流侧经桥臂和线路形成环流的通路，将两台同容量逆变器输出电流差定义为环流，同理对于不同容量，未按容量比例输出的电流差也是环流。如上所述，在恶劣情况下将会造成大容量节点少发而小容量节点超发，逆变器间功率分配失衡，严重影响多智能体微电网运行可靠性，节点运行效率降低。同时，环流会使并联逆变器的输出电流急剧增加、功率损耗增大，严重时会烧毁功率开关器件。

4.2.2.2　并联逆变器等效模型与环流分析

如图 4-17 所示为两台逆变器并联的简化示意图，节点均经各自的传输阻抗与同一交流母线负荷相连。其中传输阻抗为逆变器等效输出阻抗 Z_{eq} 与线路阻抗 Z_{line} 的总和。两台节点逆变器共同给负荷 Z_{load} 供电，供电电流分别为 I_{o1}、I_{o2}。

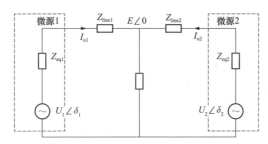

图 4-17　并联逆变器等效模型

由图 4-17 可知：

$$U_1\angle\delta_1 - (Z_{eq1} + Z_{line1})I_{o1} = E\angle 0$$
$$U_2\angle\delta_2 - (Z_{eq2} + Z_{line2})I_{o2} = E\angle 0 \qquad (4-18)$$
$$(I_{o1} + I_{o2})Z_{load} = E\angle 0$$

式中　I_{o1}、I_{o2}——分别表示节点逆变器 1 和 2 的逆变器出口电流。

由式（4-18）可分别计算得：

$$I_{o1} = \frac{U_1\angle\delta_1 - U_2\angle\delta_2}{Z_\Sigma} + \frac{E}{Z_{load}}\frac{Z_{eq2} + Z_{line2}}{Z_\Sigma}$$
$$I_{o2} = -\frac{U_1\angle\delta_1 - U_2\angle\delta_2}{Z_\Sigma} + \frac{E}{Z_{load}}\frac{Z_{eq1} + Z_{line1}}{Z_\Sigma} \qquad (4-19)$$

其中，Z_Σ 为并联逆变器传输阻抗的总和，即 $Z_\Sigma = Z_{eq1} + Z_{line1} + Z_{eq2} + Z_{line2}$。设节点 1 与节点 2 的容量比为 t，由环流定义可得逆变器并联系统中的环流为：

$$I_{\mathrm{H}} = I_{\mathrm{o}1} - tI_{\mathrm{o}2} = (t+1)\frac{U_1\angle\delta_1 - U_2\angle\delta_2}{Z_\Sigma} + \frac{E}{Z_{\mathrm{load}}}\frac{(Z_{\mathrm{eq2}} + Z_{\mathrm{line2}}) - t(Z_{\mathrm{eq1}} + Z_{\mathrm{line1}})}{Z_\Sigma} \quad (4-20)$$

由式（4-20）可知，逆变器间环流包含两个分量：电压不平衡分量和传输阻抗不平衡分量。一般可通过控制器设计和线路设计，使两逆变器等效输出阻抗比为 $1/t$，从而消除传输阻抗不平衡分量。同时，考虑逆变器等效输出阻抗主要为感性，因此一般的逆变器环流可表示为：

$$I_{\mathrm{c}} = \frac{t+1}{\mathrm{j}X_\Sigma}(U_1\angle\delta_1 - U_2\angle\delta_2) \quad (4-21)$$

式中　X_Σ——并联逆变器传输电抗的总和。

进而可知，如需彻底消除环流，只有使逆变器输出电压同幅同相，即 $U_1\angle\delta_1 = U_2\angle\delta_2$。电压幅值或相位的不一致，都将导致环流的产生，具体分析如下：

1. 同幅不同相（$U_1 \neq U_2$，$\delta_1 = \delta_2$）

如图 4-18（a）所示，此时逆变器输出电压幅值相等，但存在相位差，根据环流向量垂直于电压向量差 $(\dot{U}_1 - \dot{U}_2)$ 可知环流向量夹于两电压向量之间。对于相位超前向量的复功率有 $S_1 = U_1 I_{\mathrm{c}}\cos\alpha + \mathrm{j}U_1 I_{\mathrm{c}}\sin\alpha$，对于相位滞后的复功率有 $S_2 = -U_2 I_{\mathrm{c}}\cos(-\alpha) - \mathrm{j}U_2 I_{\mathrm{c}}\sin(-\alpha)$。因此，两逆变器间仅存在有功环流，且功率方向为相位超前的逆变器流向相位滞后的逆变器。

2. 同相不同幅（$U_1 \neq U_2$，$\delta_1 = \delta_2$）

如图 4-18（b）所示，此时逆变器输出电压幅值不等，相位相同，则环流向量与两电压向量的相位差均为 $90°$。可分别列出复功率：$S_1 = \mathrm{j}U_1 I_{\mathrm{c}}$，$S_2 = -\mathrm{j}U_2 I_{\mathrm{c}}$。因此，两逆变器间仅存在无功环流，且电压幅值较大的逆变器发出感性无功，电压幅值较小的逆变器吸收感性无功。

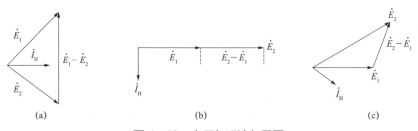

图 4-18　电压与环流矢量图

（a）幅值相位均相同条件下逆变器输出电压电流矢量图；（b）相位相同幅值不同条件下逆变器输出
电压电流矢量图；（c）相位幅值均不相同条件下逆变器输出电压电流矢量图

3. 不同幅不同相（ $U_1 \neq U_2$ ， $\delta_1 \neq \delta_2$ ）

如图 4-18（c）所示，此时逆变器输出电压幅值不等，相位也不相同，则环流向量同时包含有功分量和无功分量。环流方向与上述分析相同。

4.2.2.3　基于下垂控制的并联逆变器环流分析

由上一节分析可知，为达到功率均衡目标需最大限度减小环流，为此需要：① 使所有并联逆变器等效输出阻抗比为容量比的倒数；② 使所有逆变器输出电压同幅同相。此处需注意，虽然增大逆变器等效输出阻抗可以减小环流，但同时较大的等效输出阻抗将使逆变器输出电压下降，随着负载电流的增大，逆变器输出电压下降较快，输出外特性变软。因此必须兼顾两者，取合理的折中。

为达到上述条件②，需合理设置逆变器的下垂参数，将式（4-14）代入式（4-15），得逆变器输出电压表达式：

$$U_{\text{droop}i} = \frac{U_i^* X_i + E^2 n_i + Q_i^* X_i n_i}{n_i E + X_i} \tag{4-22}$$

由式（4-22）结合 $P-f$ 有功下垂特性，可得满足条件②的充分条件为：

$$
\begin{aligned}
&f_1^* = f_2^* = \cdots = f_n^* \\
&U_1^* = U_2^* = \cdots = U_n^* \\
&m_1 S_1 = m_2 S_2 = \cdots = m_n S_i \\
&n_1 S_1 = n_2 S_2 = \cdots = n_n S_i \\
&\frac{P_1^*}{S_1} = \frac{P_2^*}{S_2} = \cdots = \frac{P_n^*}{S_n} \\
&\frac{Q_1^*}{S_1} = \frac{Q_2^*}{S_2} = \cdots = \frac{Q_n^*}{S_n}
\end{aligned}
\tag{4-23}
$$

但是在实际运行中，由条件①和条件②推算的充分条件无法完全消除环流。首先，线路阻抗参数并不固定，精确设计逆变器等效输出阻抗匹配逆变器容量的条件很难满足。其次，式（4-22）的前提条件是线路参数呈纯感性，虽然低压多智能体微电网线路参数较小，逆变器等效输出阻抗可完全设计为感性，但阻性成分于无功功率的耦合关系，依然会成为功率分配误差的根源。

联立下垂特性和功率传输特性方程，可得 $P-f$ 、 $Q-U$ 控制的控制框图，如图 4-19 所示。

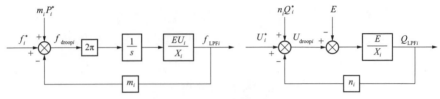

图 4-19 下垂控制框图

由此可得逆变器输出功率在频域下的表达式为：

$$P_{\text{LPF}i} = (f_i^* + m_i P_i^*)\frac{2\pi E U_i}{X_i s}\left/\left(1 + \frac{2\pi m_i E U_i}{X_i s}\right)\right.$$

$$Q_{\text{LPF}i} = (U_i^* + n_i Q_i^* - E)\frac{E}{X_i}\left/\left(1 + \frac{nE}{X_i}\right)\right. \tag{4-24}$$

由式（4-24）可知：逆变器有功功率传递函数中的积分项，使输出有功功率与等效连接阻抗 X_i 无关。稳态时系统中所有逆变器频率满足 $f_1 = f_2 = \cdots = f_n$，只需设置下垂特性参数即可实现并联逆变器有功功率精确分配，且此时不受各逆变器等效输出阻抗影响。而稳态时的无功功率则与等效连接阻抗 X_i 有密切关系，逆变器输出的无功功率反比于等效连接阻抗，由式（4-22）可知，等效输出阻抗的差异将导致各逆变器输出电压的偏差，以传统无功功率下垂控制方法无法实现精确的无功功率分配。

4.2.3 并联逆变器仿真与分析

4.2.3.1 参数验证

为验证所选控制参数和滤波器参数有效性，在 Simulink 搭建单台逆变器下垂控制，分别在单电流闭环、电压电流双闭环和下垂控制策略下，对输出电压、电压波形进行算例仿真。参数选择见 4.1 节。电流闭环仿真如图 4-20 所示，电压

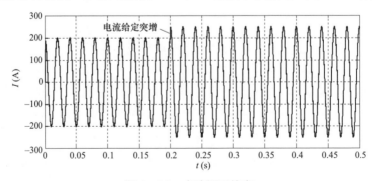

图 4-20 电流闭环仿真

电流双闭环仿真如图 4-21 所示，下垂控制仿真如图 4-22 所示。如图 4-20 所示，多环控制对逆变器输出干扰更大，控制更加困难。

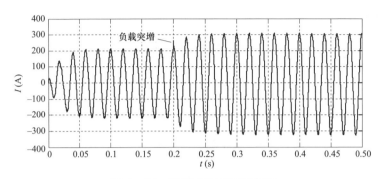

图 4-21　电压电流双闭环仿真

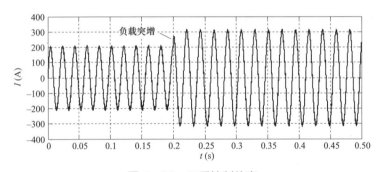

图 4-22　下垂控制仿真

4.2.3.2　并联环流与分析

按照并联逆变器等效模型在 Simulink 中搭建仿真，分析不同线路电阻和线路电抗对两节点并联环流的影响。为方便观察，设两逆变器容量相同，控制器参数均与上节仿真一致。

线路为纯阻性且 $R_{\text{line1}} = 0.128\ 4\Omega$，$R_{\text{line2}} = 0.064\ 2\Omega$。由于线路电阻大导致 DG1 压降更大，DG2 幅值大于 DG1。但 DG1 相位超前，无功环流功率由 DG2 流向 DG1。线路电阻差异导致环流产生。

第5章

基于残差生成器的容错控制架构

5.1 控制对象模型描述

5.1.1 线性时不变系统描述

线性时不变系统有两种数学描述：传递函数表示法和状态空间表示法。

线性时不变系统输入输出关系可以表示为：

$$y(z) = G_{yu}(z)u(z), \quad G_{yu}(z) \in \Re H_\infty \qquad (5-1)$$

式中　　$u(z)$——输入向量；

　　　　$y(z)$——输出向量；

　　　　$G_{yu}(z)$——传递函数；

　　　　$\Re H_\infty$——无穷范数。

离散的状态空间表达式如下所示：

$$\begin{aligned} x_{k+1} &= Ax_k + Bu_k \\ y_k &= Cx_k + Du_k \end{aligned} \qquad (5-2)$$

式中　　x_k——状态向量；

　　　　u_k——输入向量；

　　　　y_k——输出向量 A、B、C、D 为相应维数的常数矩阵；

　　　　k——当前时刻。

传递函数和状态空间相互转换的关系式为：

$$G_{yu}(z) = C(zI - A)^{-1}B + D \qquad (5-3)$$

如果（A，B）是可控的，（C，A）是可观的，则称其为最小状态空间实现。

5.1.2　互质分解

对于一个真有理传递函数 $G(z)$，如果存在左互质矩阵 $\hat{M}(z), \hat{N}(z) \in \mathfrak{R}\mathrm{H}_\infty$，使得：

$$G(z) = \hat{M}^{-1}(z)\hat{N}(z) \tag{5-4}$$

则式（5-4）称为 $G(z)$ 在 $\mathfrak{R}\mathrm{H}_\infty$ 上的左互质分解（left comprise factorization，LCF）。

同样，如果存在右互质矩阵 $N(z)$、$M(z) \in \mathfrak{R}\mathrm{H}_\infty$，使得：

$$G(z) = N(z)M^{-1}(z) \tag{5-5}$$

则式（5-5）称为 $G(z)$ 在 $\mathfrak{R}\mathrm{H}_\infty$ 上的右互质分解（right comprise factorization，RCF）。

所有的真有理传递函数 $G(z)$ 均可以用左互质 $\hat{M}(z)$、$\hat{N}(z) \in \mathfrak{R}\mathrm{H}_\infty$ 和右互质 $N(z)$、$M(z) \in \mathfrak{R}\mathrm{H}_\infty$ 进行上左分解与右分解。

$$G(z) = \hat{M}^{-1}(z)\hat{N}(z) = N(z)M^{-1}(z) \tag{5-6}$$

对于被控对象 $G(z)$ 最小状态空间实现：

$$G_\mathrm{p}(z) = \left[\begin{array}{c|c} A_\mathrm{p} & B_\mathrm{p} \\ \hline C_\mathrm{p} & D_\mathrm{p} \end{array}\right] \tag{5-7}$$

取 F 和 L 使 $A_\mathrm{p} + B_\mathrm{p}F$ 和 $A_\mathrm{p} - LC_\mathrm{p}$ 稳定，定义：

$$\begin{bmatrix} M(z) & -\hat{Y}(z) \\ N(z) & \hat{X}(z) \end{bmatrix} = \left[\begin{array}{c|cc} A_\mathrm{p}+B_\mathrm{p}F & B_\mathrm{p} & L \\ \hline F & I & 0 \\ C_\mathrm{p}+D_\mathrm{p}F & D_\mathrm{p} & I \end{array}\right] \tag{5-8}$$

$$\begin{bmatrix} X(z) & Y(z) \\ -\hat{N}(z) & \hat{M}(z) \end{bmatrix} = \left[\begin{array}{c|cc} A_\mathrm{p}-LC_\mathrm{p} & -(B_\mathrm{p}-LD_\mathrm{p}) & -L \\ \hline F & I & 0 \\ C_\mathrm{p} & -D_\mathrm{p} & I \end{array}\right] \tag{5-9}$$

存在 $X(z)$、$Y(z)$、$\hat{X}(z)$、$\hat{Y}(z) \in \mathfrak{R}\mathrm{H}_\infty$，使得

$$\begin{bmatrix} X(z) & Y(z) \\ -\hat{N}(z) & \hat{M}(z) \end{bmatrix}\begin{bmatrix} M(z) & -\hat{Y}(z) \\ N(z) & \hat{X}(z) \end{bmatrix} = \begin{bmatrix} I & 0 \\ 0 & I \end{bmatrix} \tag{5-10}$$

成立，则称式（5-10）为 $G(z)$ 在 $\mathfrak{R}\mathrm{H}_\infty$ 上的二重互质分解。

5.1.3 扰动作用下系统描述

在实际的控制系统中，由于存在传感器测量误差、设备参数变化、噪声等因素，通常会有未知干扰输入。扰动、故障与噪声的存在会减弱控制系统的输出性能，使控制系统无法达到原来所预期的控制目标。考虑到上述未知的干扰，可以将系统的输入－输出模型表示为：

$$x_{k+1} = Ax_k + Bu_k + E_d d_k + E_f f_k + \xi_k$$
$$y_k = Cx_k + Du_k + F_d d_k + F_f f_k + v_k$$

（5－11）

式中　u_k——输入信号；

E_d、F_d——代表具有合适矩阵维数的扰动系数矩阵；

E_f、F_f——代表具有合适矩阵维数的故障系数矩阵；

d_k——代表确定性的未知扰动输入向量；

f_k——传感器故障、执行器故障或者过程故障；

ξ_k——过程和测量噪声输入向量；

v_k——测量噪声信号。

系统扰动、故障与噪声信号均可以反映在残差信号中，线性时不变系统的残差信号可以通过残差生成技术获得。

5.2 基于模型的残差生成器设计

在无扰动、故障与噪声的情况下，左互质分解的基本特性为：

$$\Delta u(z), [-\hat{N}(z) \quad \hat{M}(z)] \begin{bmatrix} u(z) \\ y(z) \end{bmatrix} = 0$$

（5－12）

由式（5－12），系统的残差可以构造为：

$$r(z) = [-\hat{N}(z) \quad \hat{M}(z)] \begin{bmatrix} u(z) \\ y(z) \end{bmatrix}$$

（5－13）

式中　r——残差信号。

当扰动、故障与噪声作用为零时，$r = 0$；当扰动、故障与噪声作用不为零时，$r \neq 0$。为了确定残差信号表达式的参数，可以采用基于数学模型的方法或基于数据驱动的方法。

残差生成技术包括：基于数学模型的故障检测滤波器（fault detection filter，FDF）、诊断观测器（diagnostic observer，DO）以及基于数据驱动的子空间 parity space technique）等。

在仅仅已知输入输出信号时可以采用子空间的方法，而在能够获得控制系统精准数学模型的情况下可以采用基于数学模型的方法，故障检测滤波器（FDF）就是直接建立系统的全阶状态观测器，该观测器的阶数和系统的阶数相同，会造成很大的运算量。为了减轻运算负担，对全阶观测器进行降阶处理，需要建立龙伯格类型的诊断观测器，对于式（5-2）所示系统表述为：

$$\hat{x}_{k+1} = A_z x_k + B_z u_k + L(y_k - \hat{y}_k)$$
$$\hat{y}_k = C_z \hat{x}_k + D_z u_k \qquad (5-14)$$
$$r_k = y_k - \hat{y}_k$$

式中　　　　r_k——残差信号；

　　　　　　L——观测器增益矩阵，以使 $A - LC$ 稳定为选取原则；

　　　　　　k——当前时刻；

A_z、B_z、C_z、D_z——参数矩阵。

5.3　基于残差生成器的容错控制架构建模推导方法

5.3.1　标准反馈控制系统

为了满足系统的控制性能通常采用反馈控制结构，标准的反馈控制系统如图 5-1 所示。

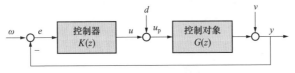

图 5-1　标准反馈控制系统

由图 5-1 可知，标准的反馈控制系统由控制对象 $G(z)$ 和控制器 $K(z)$ 构成。其中，ω 为参考给定信号，d 为扰动信号，v 为测量噪声信号，u 为输入信号，y 为参考输入信号，$e = \omega - y$ 为跟踪误差信号，u_p 和 y_p 代表系统的实际输入与输出信号。此外，误差 e 的残差 $r_{e,k}$ 为：

$$r_{e,k} = e - \hat{e}$$
$$= w - y_k - (w - \hat{y}_k) \qquad (5-15)$$
$$= \hat{y}_k - y_k = -r_k$$

该反馈系统控制图可以等效成图 5-2 所示的形式。

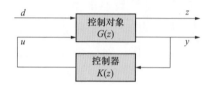

图 5-2 标准反馈控制系统等效

5.3.2 内部稳定与尤拉参数化

对图 5-2 所示的反馈控制系统，由 $[\omega \quad d]^{\mathrm{T}}$ 到 $[u \quad y]^{\mathrm{T}}$，当满足：

$$\begin{bmatrix} I & -K \\ -G & I \end{bmatrix}^{-1} = \begin{bmatrix} (I-KG)^{-1} & K(I-GK)^{-1} \\ G(I-KG)^{-1} & (I-GK)^{-1} \end{bmatrix} \qquad (5-16)$$

该闭环系统是内部稳定的。

设 K 进行左、右互质分解能够得到：

$$K = UV^{-1} = \hat{V}^{-1}\hat{U} \qquad (5-17)$$

如果令 $\hat{V} = \hat{X}, \hat{U} = \hat{Y}, V = X, U = Y$，则有：

$$K(z) = Y(z)X(z)^{-1} = \hat{X}(z)^{-1}\hat{Y}(z) \qquad (5-18)$$

可以看出，对通过控制对象 $G(z)$ 进行二重互质分解而求得使得系统内部稳定的稳定化控制器。应用对控制对象的二重互质分解，引入自由参数 Q，使：

$$[\hat{V}(z) \quad \hat{U}(z)] = [X(z) - Q(z)\hat{N}(z) \quad Y(z) + Q(z)\hat{M}(z)]$$
$$\begin{bmatrix} U(z) \\ V(z) \end{bmatrix} = \begin{bmatrix} \hat{Y}(z) + M(z)Q(z) \\ \hat{X}(z) - N(z)Q(z) \end{bmatrix} \qquad (5-19)$$

可以获得所有稳定化控制器为：

$$K(z) = -[\hat{Y}(z) + M(z)Q(z)][\hat{X}(z) - N(z)Q(z)]^{-1}$$
$$= -[X(z) - Q(z)\hat{N}(z)][Y(z) + Q(z)\hat{M}(z)] \qquad (5-20)$$

式中 Q——自由参数。

称式（5-20）为稳定化控制器的参数化形式，即尤拉参数化（youla parameterization）。

5.3.3　容错控制架构推导证明

2008 年 Steven Ding 教授对尤拉参数化进行进一步的研究，根据上述尤拉参数化对闭环反馈控制系统进行推导，稳定化控制器输入输出表达式为：

$$
\begin{aligned}
u(z) &= \boldsymbol{K}(z)e(z) \\
&= -[\boldsymbol{X}(z) - \boldsymbol{Q}(z)\hat{\boldsymbol{N}}(z)]^{-1}[\boldsymbol{Y}(z) + \boldsymbol{Q}(z)\hat{\boldsymbol{M}}(z)]e(z)
\end{aligned}
\tag{5-21}
$$

将式（5-21）两边同乘 $[\boldsymbol{X}(z) - \boldsymbol{Q}(z)\hat{\boldsymbol{N}}(z)]$，有：

$$
u(z)[\boldsymbol{X}(z) - \boldsymbol{Q}(z)\hat{\boldsymbol{N}}(z)] = -[\boldsymbol{Y}(z) + \boldsymbol{Q}(z)\hat{\boldsymbol{M}}(z)]e(z)
\tag{5-22}
$$

将式（5-22）拆分，有：

$$
\boldsymbol{X}(z)u(z) - \boldsymbol{Q}(z)\hat{\boldsymbol{N}}(z)u(z) = -\boldsymbol{Y}(z)e(z) - \boldsymbol{Q}(z)\hat{\boldsymbol{M}}(z)e(z)
\tag{5-23}
$$

将式（5-23）$\boldsymbol{Q}(z)\hat{\boldsymbol{N}}(z)u(z)$ 项移至等式右侧，有：

$$
\boldsymbol{X}(z)u(z) = -\boldsymbol{Y}(z)e(z) - \boldsymbol{Q}(z)\hat{\boldsymbol{M}}(z)e(z) + \boldsymbol{Q}(z)\hat{\boldsymbol{N}}(z)u(z)
\tag{5-24}
$$

将式（5-24）两边同乘 $\boldsymbol{X}(z)^{-1}$，有：

$$
\begin{aligned}
u(z) &= -\boldsymbol{X}^{-1}(z)\boldsymbol{Y}(z)e(z) - \boldsymbol{X}^{-1}(z)\boldsymbol{Q}(z)\hat{\boldsymbol{M}}(z)e(z) + \boldsymbol{X}^{-1}(z)\boldsymbol{Q}(z)\hat{\boldsymbol{N}}(z)u(z) \\
&= -\boldsymbol{X}^{-1}(z)\boldsymbol{Y}(z)e(z) - \boldsymbol{X}^{-1}(z)\boldsymbol{Q}(z)[\hat{\boldsymbol{M}}(z)e(z) - \hat{\boldsymbol{N}}(z)u(z)] \\
&= \boldsymbol{K}_0(z)e(z) - \boldsymbol{X}^{-1}(z)\boldsymbol{Q}(z)[e(z) - \hat{e}(z)]
\end{aligned}
\tag{5-25}
$$

令 $\bar{\boldsymbol{Q}}(z) = \boldsymbol{X}(z)\boldsymbol{Q}(z)$，并将式（5-15）带入式（5-26），有：

$$
u(z) = \boldsymbol{K}_0(z)e(z) + \boldsymbol{Q}(z)r(z)
\tag{5-26}
$$

由此可以得到，对于给定的稳定控制器 $\boldsymbol{K}_0(z)$，通过引入反馈增益 $\boldsymbol{Q}(z)$，得到的新的系统控制架构仍然是稳定的。该控制架构包含了能够反映系统扰动与故障信息的残差信号，称其为基于残差生成器的容错控制架构，如图 5-3 所示。该控制架构在不影响原系统稳定的前提下能够达到改善系统的输出性能的目的，本文即将该容错控制架构应用到多智能体微电网变流器电能质量控制中。

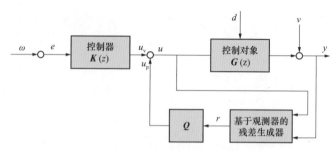

图 5-3　基于残差生成器的容错控制架构

5.4　获取容错控制架构中矩阵 Q 参数的实现方法

通过前文分析可知，采用上述基于残差生成器的容错控制架构，通过特定算法获得合适的参数化矩阵 Q，就能够在保证系统稳定的同时改善扰动作用下系统的输出性能，从而削弱扰动对系统的作用效果。下面介绍几种获取参数化矩阵 Q 的具体实现方法。

5.4.1　模型匹配

模型匹配问题描述如图 5-4 所示。传递函数矩阵 T_1 是一个模型，三个传递函数矩阵 T_2、T_3、Q 串联 $T_2 Q T_3$ 与 T_1 匹配。d 为扰动输入，y_d 为扰动作用输出。

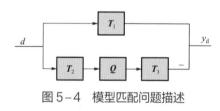

图 5-4　模型匹配问题描述

结合图 5-3 所示的容错控制架构，T_1 对应只有扰动作用的控制对象模型，T_3 对应基于观测器的残差生成器模型，Q 为需要设计的参数矩阵，T_2 对应只有控制信号作用的控制对象模型。

从理论计算来讲，可以通过使传递函数矩阵 $T_1 - T_2 Q T_3$ 为零来计算出参数矩阵 Q，此时扰动信号 d 将不会对系统产生作用。但是要求传递函数矩阵 T_2、T_3 是可逆的，在实际情况中不一定能够满足。为了解决这个问题，将其转化为式（5-27）的模型匹配问题。

$$\min \|T_1 - T_2 Q T_3\| \tag{5-27}$$

即求得传递函数矩阵 $T_1 - T_2 Q T_3$ 的最小值情况下的参数矩阵 Q。

5.4.2　强化学习

作为机器学习的方法之一的强化学习（reinforcement learning，RL），是通过采用一边获得样例一边学习的形式，在获得样例之后将自己的模型不断地进行更新，应用当前的模型激励与奖赏（reward）对下一次行动（action）进行指导，下一次行动得到的奖赏继续指导模型的更新，不断重复迭代直到模型收敛。

强化学习有行为主体（agent）和环境（environment）两大主体，主体既是学习者又是决策者，通过学习者和环境的交互进而实现目标。agent-environment 交互机制如图 5-5 所示。

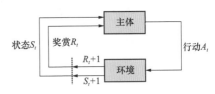

图 5-5　agent-environment 交互机制

其中关键点在于在当前模型下如何选择下一步行动才有利于完善模型，有两方式：探索（exploration）与开发（exploitation）。探索即选择没有执行过的行动进行来探索更多的可能，开发则是选择执行过的行动来完善模型机制。在不断地尝试与测试中可确定出合适的参数矩阵 Q。

5.4.3　梯度下降

在求解无约束的优化问题时，梯度下降（gradient descent）法是常用的方法之一。梯度下降的原理为：目标函数 $J(\theta)$ 关于参数 θ 梯度方向（反方向）是目标函数下降最快的方向。梯度下降示意图如图 5-6 所示。

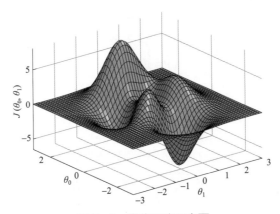

图 5-6　梯度下降示意图

当目标函数为凸函数的时候，采用梯度下降方法可以得到全局最优解。但需要选择合适的迭代步长。若步长太大，迭代速度快，容易错过最优解甚至导致迭代不收敛；若步长过小，迭代速度慢，算法需要耗费很长的时间。算法的步长经过多次运行后可得到最优值。此外，梯度下降法还需要选择合适的参数初始值实现最优。

5.5 多智能体微电网小信号建模与分析

5.5.1 多智能体微电网小信号分析概述

多智能体微电网小信号分析目的是研究多智能体微电网在受到小干扰之后的稳定性。对多智能体微电网进行小信号稳定性分析，一方面可以揭示多智能体微电网的内在运行机理，另一方面可以研究多智能体微电网中的不同控制参数对多智能体微电网整体运行特性的作用。

根据所建立的数学模型，小信号分析方法可以分为：特征值分析法、Prony分析法、数值分析法以及频域分析法等。由于特征值分析法可以提供大量关于系统稳态性能和动态稳定性的重要信息，并且能够结合经典控制理论对小信号模型进行理论分析，因此本文选用特征值分析法对多智能体微电网稳定性进行分析。

电力系统动力学行为可以由一组 n 个非线性常微分方程来描述，如式（5-28）。

$$\dot{x} = f(x, u) \tag{5-28}$$

系统的输出变量可以用状态变量和输入变量表示为式（5-29）。

$$y = g(x, u) \tag{5-29}$$

其中：

$$
\begin{aligned}
\boldsymbol{x} &= [x_1 \quad x_2 \quad \cdots \quad x_i \quad \cdots \quad x_n]^{\mathrm{T}} \\
\boldsymbol{u} &= [u_1 \quad u_2 \quad \cdots \quad u_i \quad \cdots \quad u_n]^{\mathrm{T}} \\
\boldsymbol{y} &= [y_1 \quad y_2 \quad \cdots \quad y_i \quad \cdots \quad y_n]^{\mathrm{T}} \\
\boldsymbol{f} &= [f_1 \quad f_2 \quad \cdots \quad f_i \quad \cdots \quad f_n]^{\mathrm{T}} \\
\boldsymbol{g} &= [g_1 \quad g_2 \quad \cdots \quad g_i \quad \cdots \quad g_n]^{\mathrm{T}}
\end{aligned}
\tag{5-30}
$$

式中　x——系统的状态向量，x_i 表示第 i 个状态变量；

　　　u——系统的输入向量，u_i 表示第 i 个输入变量；

　　　y——系统的输出向量，y_i 表示第 i 个输出变量；

　　　f——非线性系统函数；

　　　g——非线性系统的输出函数。

电力系统运行中由于各项参数的变化小扰动普遍存在，采用李雅普诺夫线性化的方法可以将描述系统的非线性方程在稳态工作点处进行线性化处理，得到系统近似线性化方程表达式如式（5-32）所示。当扰动充分小情况下，可以实现根据线性化系统的稳定性对实际的非线性系统稳定性进行研究。

$$\Delta\dot{x} = A\Delta x + B\Delta u$$
$$\Delta y = C\Delta x + D\Delta u$$

（5-31）

式中　Δx——n 维状态向量；

　　　Δu——l 维输入向量；

　　　Δy——n 维输出向量；

　　　A——$n \times n$ 阶状态矩阵；

　　　B——$n \times l$ 阶输入矩阵；

　　　C——$n \times m$ 阶输出矩阵；

　　　D——$m \times l$ 阶前馈矩阵。

其中系统状态矩阵：

$$A = \begin{bmatrix} \dfrac{\partial f_1}{\partial x_1} & \cdots & \dfrac{\partial f_1}{\partial x_n} \\ \cdots & \cdots & \cdots \\ \dfrac{\partial f_n}{\partial x_1} & \cdots & \dfrac{\partial f_n}{\partial x_n} \end{bmatrix} B = \begin{bmatrix} \dfrac{\partial f_1}{\partial u_1} & \cdots & \dfrac{\partial f_1}{\partial u_l} \\ \cdots & \cdots & \cdots \\ \dfrac{\partial f_n}{\partial u_1} & \cdots & \dfrac{\partial f_n}{\partial u_l} \end{bmatrix} C = \begin{bmatrix} \dfrac{\partial g_1}{\partial x_1} & \cdots & \dfrac{\partial g_1}{\partial x_n} \\ \cdots & \cdots & \cdots \\ \dfrac{\partial g_m}{\partial x_1} & \cdots & \dfrac{\partial g_m}{\partial x_n} \end{bmatrix} D = \begin{bmatrix} \dfrac{\partial g_1}{\partial u_1} & \cdots & \dfrac{\partial g_1}{\partial u_l} \\ \cdots & \cdots & \cdots \\ \dfrac{\partial g_m}{\partial u_1} & \cdots & \dfrac{\partial g_m}{\partial u_l} \end{bmatrix}$$

（5-32）

通过求取不同稳定运行条件下系统状态矩阵 A 的特征值，可以判断系统的稳定性。若系统状态矩阵 A 的特征值实部均为负，也就说是说线性化后的系统是渐进稳定的，则实际非线性系统在平衡点处就是渐进稳定的；若系统状态矩阵 A 的特征值至少有一个实部为正，也就说是说线性化后的系统是不稳定的，则实际非线性系统在平衡点处就是不稳定的；若系统状态矩阵 A 的特征值实部非正，且至少有一个实部为零，也就说是说线性化后的系统是临界稳定的，则实际非线性系统在平衡点处就是临界稳定的；在电力系统中，后两种情况均视为不稳定。

系统状态矩阵 A 的特征值可以表现为以下形式：

$$\lambda = \sigma + j\omega \tag{5-33}$$

上述复数特征值以共轭对的形式出现，每一对对应的振荡模式可以表示为：

$$(a+jb)e^{(\sigma-j\omega)t} + (a-jb)e^{(\sigma+j\omega)t} = e^{at}(2a\cos\omega t + 2b\sin\omega t) = e^{at}\sin(\omega t + \theta)$$

可以看出，特征值的实部与阻尼有关，阻尼比为：

$$\xi = -\frac{\sigma}{\sqrt{\sigma^2 + \omega^2}} \tag{5-34}$$

特征值的虚部与振荡频率有关，振荡频率为：

$$f = \frac{\omega}{2\pi} \tag{5-35}$$

其中阻尼比决定着振荡幅值衰减速度以及衰减特性。

5.5.2 多智能体微电网变流器电能质量控制小信号建模

为对多智能体微电网稳定机理以及动态调控机理进行研究，考虑图 5-7 所示的多智能体微电网拓扑，采用本文所提出的基于容错控制架构的变流器电能质量控制策略，对其建立小信号动态模型。多智能体微电网小信号模型为高阶耦合的非线性系统，在动态分析时应建立包括内部互联变流器的全阶小信号模型。

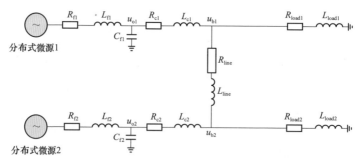

图 5-7　多智能体微电网拓扑图

该多智能体微电网拓扑包括两个分布式节点，各自带有本地负载 R_{load1}、L_{load1} 与 R_{load2}、L_{load2}。R_{line}、L_{line} 分别为线路电阻与电抗。R_f、L_f、C_f 为 LC 滤波器部分。R_c、L_c 为并联时的耦合电阻与电感。

接下来需要对多智能体微电网每一环节建立小信号模型，最终联立获得整体多智能体微电网小信号模型。

5.5.2.1　全局旋转坐标变换

单台变流器各部分小信号模型均建立在各自旋转坐标系上，为建立多智能体微电网整体小信号模型，通常任意选择一台变流器的参考坐标为全局坐标系，定义其余变流器旋转坐标相对于全局参考坐标 $D-Q$ 的相角差 δ 为：

$$\delta = \int(\omega - \omega_{\mathrm{com}})\mathrm{d}t \tag{5-36}$$

式中　ω_{com} ——全局坐标系的角频率。

假设全局参考坐标系 $D-Q$ 以角速度 ω_{com} 旋转，而第 i 个和第 j 个逆变器的坐标系 $d_i - q_i$ 和 $d_j - q_j$ 的旋转角速度分别为 ω_i 和 ω_j，其与全局旋转坐标系之间的夹角分别为 δ_i 和 δ_j，示意图如图 5-8 所示。

第 i 台逆变器输出电流 I_{odq} 变换到全局参考坐标系下用 I_{oDQ} 表示，则有：

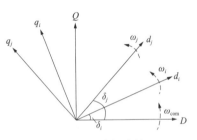

图 5-8　坐标变换

$$[I_{\mathrm{oDQ}}] = [T][I_{\mathrm{odq}}] = \begin{bmatrix} \cos\delta & -\sin\delta \\ \sin\delta & \cos\delta \end{bmatrix}[I_{\mathrm{odq}}] \tag{5-37}$$

将其进行线性化处理，有：

$$[\Delta I_{\mathrm{oDQ}}] = \begin{bmatrix} \cos\delta_0 & -\sin\delta_0 \\ \sin\delta_0 & \cos\delta_0 \end{bmatrix}[\Delta I_{\mathrm{odq}}] + \begin{bmatrix} -I_{\mathrm{od}}\sin\delta_0 & -I_{\mathrm{oq}}\cos\delta_0 \\ I_{\mathrm{od}}\cos\delta_0 & -I_{\mathrm{oq}}\sin\delta_0 \end{bmatrix}[\Delta\delta] \tag{5-38}$$

将全局参考坐标系下的母线电压 v_{bDQ} 变换到第 i 台逆变器的旋转坐标系下，则有：

$$[v_{\mathrm{bdq}}] = [T^{-1}][v_{\mathrm{bDQ}}] = \begin{bmatrix} \cos\delta & \sin\delta \\ -\sin\delta & \cos\delta \end{bmatrix}[v_{\mathrm{bDQ}}] \tag{5-39}$$

同样将其进行线性化处理，有：

$$[\Delta v_{\mathrm{bdq}}] = \begin{bmatrix} \cos\delta_0 & \sin\delta_0 \\ -\sin\delta_0 & \cos\delta_0 \end{bmatrix}[\Delta v_{\mathrm{bDQ}}] + \begin{bmatrix} -v_{\mathrm{bQ}}\sin\delta_0 + v_{\mathrm{bQ}}\cos\delta_0 \\ -v_{\mathrm{bQ}}\cos\delta_0 + v_{\mathrm{bQ}}\sin\delta_0 \end{bmatrix}[\Delta\delta] \tag{5-40}$$

5.5.2.2　电压环、电流环小信号模型

本文研究的变流器电能质量控制策略是在变流器电压电流双闭环控制的基础

上提出的，首先对电压电流双闭环建立小信号模型。将电压环与电流环的状态空间方程进行线性化处理，得到电压环小信号模型为：

$$[\Delta\dot{\phi}_{dq}] = [0][\Delta\phi_{dq}] + \boldsymbol{B}_{v1}[\Delta v_{odq}^*] + \boldsymbol{B}_{v2}\begin{bmatrix} \Delta I_{ldq} \\ \Delta v_{odq} \\ \Delta i_{odq} \end{bmatrix}$$

$$[\Delta I_{ldq}^*] = \boldsymbol{C}_{v}[\Delta\phi_{dq}] + \boldsymbol{D}_{v1}[\Delta v_{odq}^*] + \boldsymbol{D}_{v2}\begin{bmatrix} \Delta I_{ldq} \\ \Delta v_{odq} \\ \Delta i_{odq} \end{bmatrix}$$

（5－41）

式中，系数矩阵 $\boldsymbol{B}_{v1}$、$\boldsymbol{B}_{v2}$、$\boldsymbol{C}_{v}$、$\boldsymbol{D}_{v1}$、$\boldsymbol{D}_{v2}$ 分别为：

$$\boldsymbol{B}_{v1} = \begin{bmatrix} 1 & 0 \\ 0 & 1 \end{bmatrix}, \boldsymbol{B}_{v2} = \begin{bmatrix} 0 & 0 & -1 & 0 & 0 & 0 \\ 0 & 0 & 0 & -1 & 0 & 0 \end{bmatrix}, \boldsymbol{C}_{v} = \begin{bmatrix} K_{iv} & 0 \\ 0 & K_{iv} \end{bmatrix}, \boldsymbol{D}_{v1} = \begin{bmatrix} K_{pv} & 0 \\ 0 & K_{pv} \end{bmatrix}$$

$$\boldsymbol{D}_{v2} = \begin{bmatrix} 0 & 0 & -K_{pv} & -\omega_0 C_f & 0 & 0 \\ 0 & 0 & \omega_0 C_f & -K_{pv} & 0 & 0 \end{bmatrix}$$

（5－42）

电流环的小信号模型为：

$$[\Delta\dot{\gamma}_{dq}] = [0][\Delta\gamma_{dq}] + \boldsymbol{B}_{c1}[\Delta v_{odq}^*] + \boldsymbol{B}_{c2}\begin{bmatrix} \Delta I_{ldq} \\ \Delta v_{odq} \\ \Delta i_{odq} \end{bmatrix}$$

$$[\Delta v_{idq}^*] = \boldsymbol{C}_{c}[\Delta\gamma_{dq}] + \boldsymbol{D}_{c1}[\Delta v_{odq}^*] + \boldsymbol{D}_{c2}\begin{bmatrix} \Delta I_{ldq} \\ \Delta v_{odq} \\ \Delta i_{odq} \end{bmatrix}$$

（5－43）

其中，系数矩阵 $\boldsymbol{B}_{c1}$、$\boldsymbol{B}_{c2}$、$\boldsymbol{C}_{c}$、$\boldsymbol{D}_{c1}$、$\boldsymbol{D}_{c2}$ 分别为：

$$\boldsymbol{B}_{c1} = \begin{bmatrix} 1 & 0 \\ 0 & 1 \end{bmatrix}, \boldsymbol{B}_{c2} = \begin{bmatrix} 0 & 0 & -1 & 0 & 0 & 0 \\ 0 & 0 & 0 & -1 & 0 & 0 \end{bmatrix}, \boldsymbol{C}_{c} = \begin{bmatrix} K_{ic} & 0 \\ 0 & K_{ic} \end{bmatrix}, \boldsymbol{D}_{c1} = \begin{bmatrix} K_{pc} & 0 \\ 0 & K_{pc} \end{bmatrix}$$

$$\boldsymbol{D}_{c2} = \begin{bmatrix} -K_{pc} & -\omega_0 L_f & 0 & 0 & 0 & 0 \\ \omega_0 L_f & -K_{pc} & 0 & 0 & 0 & 0 \end{bmatrix}$$

（5－44）

5.5.2.3 残差生成器小信号模型

本文提出变流器电能质量控制策略中容错控制架构部分包括：基于观测器的残差生成器以及参数矩阵 $\boldsymbol{Q}$。将基于观测器的残差生成器的状态空间方程式进行线性化处理，得到基于观测器的残差生成器小信号模型为：

$$\begin{bmatrix} \Delta\dot{\hat{I}}_{\mathrm{ld,\,q}} \\ \Delta\dot{\hat{v}}_{\mathrm{od,\,q}} \end{bmatrix} = (A-LC)\begin{bmatrix} \Delta\hat{I}_{\mathrm{ld,\,q}} \\ \Delta\hat{v}_{\mathrm{od,\,q}} \end{bmatrix} + B[\Delta v_{\mathrm{idq}}] + L\begin{bmatrix} \Delta I_{\mathrm{ld,\,q}} \\ \Delta v_{\mathrm{od,\,q}} \end{bmatrix} + B_{\mathrm{LG}}[\Delta\omega]$$

$$= A_{\mathrm{LG}}\begin{bmatrix} \Delta\hat{I}_{\mathrm{ld,\,q}} \\ \Delta\hat{v}_{\mathrm{od,\,q}} \end{bmatrix} + B_{\mathrm{LG1}}[\Delta v_{\mathrm{idq}}] + B_{\mathrm{LG2}}\begin{bmatrix} \Delta I_{\mathrm{ld,\,q}} \\ \Delta v_{\mathrm{od,\,q}} \end{bmatrix} + B_{\mathrm{LG3}}[\Delta\omega] \quad (5-45)$$

$$\begin{bmatrix} \Delta r_{\mathrm{Ild,\,q}} \\ \Delta r_{\mathrm{vod,\,q}} \end{bmatrix} = C_{\mathrm{LG}}\begin{bmatrix} \Delta\hat{I}_{\mathrm{ld,\,q}} \\ \Delta\hat{v}_{\mathrm{od,\,q}} \end{bmatrix} + D_{\mathrm{LG1}}[\Delta v_{\mathrm{idq}}] + D_{\mathrm{LG2}}\begin{bmatrix} \Delta I_{\mathrm{ld,\,q}} \\ \Delta v_{\mathrm{od,\,q}} \end{bmatrix} + D_{\mathrm{LG3}}[\Delta\omega]$$

其中，系数矩阵 A_{LC}、B_{LC1}、B_{LC2}、B_{LC3}、C_{LC}、D_{LC1}、D_{LC2}、D_{LC3} 表达式如下：

$$A_{\mathrm{LG}} = A-LC,\ B_{\mathrm{LG1}} = \begin{bmatrix} \dfrac{1}{L_{\mathrm{f}}} & 0 \\ 0 & \dfrac{1}{L_{\mathrm{f}}} \\ 0 & 0 \\ 0 & 0 \end{bmatrix},\ B_{\mathrm{LG2}} = L,\ B_{\mathrm{LG3}} = \begin{bmatrix} \hat{I}_{\mathrm{ld}} \\ -\hat{I}_{\mathrm{lq}} \\ \hat{v}_{\mathrm{od}} \\ -\hat{v}_{\mathrm{oq}} \end{bmatrix} \quad (5-46)$$

$$C_{\mathrm{LG}} = \begin{bmatrix} -1 & 0 & 0 & 0 \\ 0 & -1 & 0 & 0 \\ 0 & 0 & -1 & 0 \\ 0 & 0 & 0 & -1 \end{bmatrix},\ D_{\mathrm{LG1}} = \begin{bmatrix} 0 & 0 \\ 0 & 0 \\ 0 & 0 \\ 0 & 0 \end{bmatrix},\ D_{\mathrm{LG2}} = \begin{bmatrix} 1 & 0 & 0 & 0 \\ 0 & 1 & 0 & 0 \\ 0 & 0 & 1 & 0 \\ 0 & 0 & 0 & 1 \end{bmatrix},\ D_{\mathrm{LG3}} = \begin{bmatrix} 0 \\ 0 \\ 0 \\ 0 \end{bmatrix} \quad (5-47)$$

5.5.2.4　参数矩阵 Q 小信号模型

再将容错控制架构中参数矩阵 Q 状态空间方程式进行线性化处理，得到参数矩阵 Q 小信号模型为：

$$\begin{bmatrix} \Delta\dot{x}_{\mathrm{rIld,\,q}} \\ \Delta\dot{x}_{\mathrm{vod,\,q}} \end{bmatrix} = A_{\mathrm{r}}\begin{bmatrix} \Delta x_{\mathrm{rIld,\,q}} \\ \Delta x_{\mathrm{vod,\,q}} \end{bmatrix} + B_{\mathrm{r}}\begin{bmatrix} \Delta r_{\mathrm{Ild,\,q}} \\ \Delta r_{\mathrm{vod,\,q}} \end{bmatrix}$$

$$\begin{bmatrix} \Delta u_{\mathrm{rvod}} \\ \Delta u_{\mathrm{rvoq}} \end{bmatrix} = C_{\mathrm{r}}\begin{bmatrix} \Delta x_{\mathrm{rIld,\,q}} \\ \Delta x_{\mathrm{vod,\,q}} \end{bmatrix} + D_{\mathrm{r}}\begin{bmatrix} \Delta r_{\mathrm{Ild,\,q}} \\ \Delta r_{\mathrm{vod,\,q}} \end{bmatrix} \quad (5-48)$$

其中，系数矩阵 A_{r}、B_{r}、C_{r}、D_{r} 表达式如下：

$$A_{\mathrm{r}} = \begin{bmatrix} -T & 0 & 0 & 0 \\ 0 & -T & 0 & 0 \\ 0 & 0 & -T & 0 \\ 0 & 0 & 0 & -T \end{bmatrix},\ B_{\mathrm{r}} = \begin{bmatrix} 1 & 0 & 0 & 0 \\ 0 & 1 & 0 & 0 \\ 0 & 0 & 1 & 0 \\ 0 & 0 & 0 & 1 \end{bmatrix} \quad (5-49)$$

$$C_{\mathrm{r}} = \begin{bmatrix} k_1 & 0 & k_2 & 0 \\ 0 & k_3 & 0 & k_4 \end{bmatrix},\ D_{\mathrm{r}} = \begin{bmatrix} k_5 & 0 & k_6 & 0 \\ 0 & k_7 & 0 & k_8 \end{bmatrix}$$

5.5.2.5 控制器小信号模型

在本文所提出的控制策略中，将双闭环输出的控制信号 v_{idq}^* 与容错控制架构输出的控制信号 u_{rvodq} 进行叠加，作为 LC 滤波器的控制信号输入 v_{idqr}，表达式为：

$$\begin{cases} v_{idr} = v_{id}^* + u_{rvod} \\ v_{iqr} = v_{iq}^* + u_{rvoq} \end{cases} \qquad (5-50)$$

式（5-50）对应的小信号方程为：

$$\begin{bmatrix} \Delta v_{idr} \\ \Delta v_{iqr} \end{bmatrix} = \begin{bmatrix} \Delta v_{id}^* \\ \Delta v_{iq}^* \end{bmatrix} + \begin{bmatrix} \Delta u_{rvod} \\ \Delta u_{rvoq} \end{bmatrix} \qquad (5-51)$$

5.5.2.6 LC 滤波器小信号模型

以 LC 滤波器作为控制对象，若考虑到耦合电阻与电感，有状态空间方程：

$$\begin{cases} \dfrac{dI_{ld}}{dt} = -\dfrac{R_f}{L_f}I_{ld} + \omega I_{lq} + \dfrac{1}{L_f}v_{idr} - \dfrac{1}{L_f}v_{od} \\[2mm] \dfrac{dI_{lq}}{dt} = -\dfrac{R_f}{L_f}I_{lq} - \omega I_{ld} + \dfrac{1}{L_f}v_{iqr} - \dfrac{1}{L_f}v_{oq} \\[2mm] \dfrac{dv_{od}}{dt} = \omega v_{oq} + \dfrac{1}{C_f}I_{ld} - \dfrac{1}{C_f}I_{od} \\[2mm] \dfrac{dv_{oq}}{dt} = -\omega v_{od} + \dfrac{1}{C_f}I_{lq} - \dfrac{1}{C_f}I_{oq} \\[2mm] \dfrac{dI_{od}}{dt} = -\dfrac{R_c}{L_c}I_{od} + \omega I_{oq} + \dfrac{1}{L_c}v_{od} - \dfrac{1}{L_c}v_{bd} \\[2mm] \dfrac{dI_{oq}}{dt} = -\dfrac{R_c}{L_c}I_{oq} + \omega I_{od} + \dfrac{1}{L_c}v_{oq} - \dfrac{1}{L_c}v_{bq} \end{cases} \qquad (5-52)$$

将考虑耦合电阻与电感的控制对象 LC 滤波器的状态空间方程进行线性化处理，得到对应的小信号模型为：

$$\begin{bmatrix} \Delta \dot{I}_{ld,q} \\ \Delta \dot{v}_{od,q} \\ \Delta \dot{I}_{od,q} \end{bmatrix} = A_{LC}\begin{bmatrix} \Delta I_{ld,q} \\ \Delta v_{od,q} \\ \Delta I_{od,q} \end{bmatrix} + B_{LC1}[\Delta v_{id,qr}] + B_{LC2}[\Delta I_{od,q}] + B_{LC3}[\Delta \omega] \quad (5-53)$$

其中，系数矩阵 A_{LC}、B_{LC1}、B_{LC2}、B_{LC3} 表达式如下：

$$A_{LC} = \begin{bmatrix} -\dfrac{R_f}{L_f} & \omega_0 & -\dfrac{1}{L_f} & 0 & 0 & 0 \\ -\omega_0 & -\dfrac{R_f}{L_f} & 0 & -\dfrac{1}{L_f} & 0 & 0 \\ \dfrac{1}{C_f} & 0 & 0 & \omega_0 & -\dfrac{1}{C_f} & 0 \\ 0 & \dfrac{1}{C_f} & -\omega_0 & 0 & 0 & -\dfrac{1}{C_f} \\ 0 & 0 & \dfrac{1}{L_c} & 0 & -\dfrac{R_c}{L_c} & -\omega_0 \\ 0 & 0 & 0 & \dfrac{1}{L_c} & -\omega_0 & -\dfrac{R_c}{L_c} \end{bmatrix}, B_{LC1} = \begin{bmatrix} \dfrac{1}{L_f} & 0 \\ 0 & \dfrac{1}{L_f} \\ 0 & 0 \\ 0 & 0 \\ 0 & 0 \\ 0 & 0 \end{bmatrix} \quad (5-54)$$

$$B_{LC2} = \begin{bmatrix} 0 & 0 \\ 0 & 0 \\ 0 & 0 \\ 0 & 0 \\ -\dfrac{1}{C_f} & 0 \\ 0 & -\dfrac{1}{C_f} \end{bmatrix}, B_{LC3} = \begin{bmatrix} I_{lq} & -I_{ld} & v_{oq} & -v_{od} & I_{oq} & -I_{od} \end{bmatrix}^T \quad (5-55)$$

5.5.2.7　单台电能质量控制变流器小信号模型

单台变流器以自身旋转坐标系作为参考，有

$$\Delta\dot{\delta}_i = 0 \quad (5-56)$$

将全局参考坐标系下的母线电压 v_{bDQ} 变换到第 i 台逆变器的旋转坐标系下，联立上述电压电流双闭环控制小信号模型、容错控制架构部分残差生成器小信号模型、容错控制架构部分矩阵 Q 小信号模型、控制对象 LC 滤波器小信号模型，获得电能质量控制策略下单个变流器小信号模型为：

$$[\Delta\dot{x}_{sysi}] = A_{sysi}[\Delta x_{sysi}] + B_{sysi1}[\Delta v_{bDQ}] + B_{sysi2}[\Delta\omega_{com}]$$
$$\begin{bmatrix} \Delta\omega_{sysi} \\ \Delta I_{ioDQi} \end{bmatrix} = \begin{bmatrix} C_{sysi1} \\ C_{sysi2} \end{bmatrix}[\Delta x_{sysi}] \quad (5-57)$$

其中，状态变量为：

$$\Delta x_{sysi} = [\Delta\delta_i \quad \Delta\phi_{dqi} \quad \Delta\gamma_{dqi} \quad \Delta I_{ldqi} \quad \Delta v_{odqi} \quad \Delta I_{odqi} \quad \Delta\hat{I}_{ldqi} \quad \Delta\hat{v}_{odqi} \quad \Delta x_{Ildqi}]^{\mathrm{T}}$$

$$（5-58）$$

5.5.2.8 线路与负载小信号模型

含两台变流器的多智能体微电网线路模型如图5-9所示。

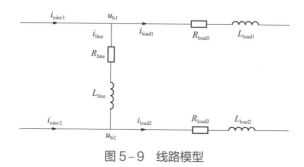

图5-9 线路模型

可以得到线路的数学模型为：

$$\begin{cases} \dfrac{dI_{\mathrm{lined}}}{dt} = -\dfrac{R_{\mathrm{line}}}{L_{\mathrm{line}}} I_{\mathrm{lined}} + \omega I_{\mathrm{lined}} + \dfrac{1}{L_{\mathrm{line}}}(v_{\mathrm{bd1}} - v_{\mathrm{bd2}}) \\[3mm] \dfrac{dI_{\mathrm{lineq}}}{dt} = -\dfrac{R_{\mathrm{line}}}{L_{\mathrm{line}}} I_{\mathrm{lineq}} - \omega I_{\mathrm{lineq}} + \dfrac{1}{L_{\mathrm{line}}}(v_{\mathrm{bd1}} - v_{\mathrm{bd2}}) \end{cases}$$

$$（5-59）$$

式中 R_{line}、L_{line}——分别对应线路的等效电阻和等效电感。

则线路对应的小信号模型为：

$$[\Delta\dot{I}_{\mathrm{lined, q}}] = A_{\mathrm{line}}[\Delta I_{\mathrm{lined, q}}] + B_{\mathrm{line1}}[\Delta v_{\mathrm{bd, q}}] + B_{\mathrm{line2}}[\Delta\omega] \qquad （5-60）$$

其中，系数矩阵 A_{line}、B_{line1}、B_{line2} 表达式如下：

$$A_{\mathrm{line}} = \begin{bmatrix} -\dfrac{R_{\mathrm{line}}}{L_{\mathrm{line}}} & \omega_0 \\[3mm] \omega_0 & -\dfrac{R_{\mathrm{line}}}{L_{\mathrm{line}}} \end{bmatrix}, \quad B_{\mathrm{line1}} = \begin{bmatrix} \dfrac{1}{L_{\mathrm{line}}} & 0 \\[3mm] 0 & \dfrac{1}{L_{\mathrm{line}}} \end{bmatrix}, \quad B_{\mathrm{line2}} = \begin{bmatrix} I_{\mathrm{lineq}} \\[1mm] -I_{\mathrm{lined}} \end{bmatrix} \quad （5-61）$$

建立本地 RL 负载的状态空间数学模型为：

$$\begin{cases} \dfrac{dI_{\mathrm{loadd}}}{dt} = -\dfrac{R_{\mathrm{load}}}{L_{\mathrm{load}}} I_{\mathrm{loadd}} + \omega I_{\mathrm{loadd}} + \dfrac{1}{L_{\mathrm{load}}} v_{\mathrm{bd}} \\[3mm] \dfrac{dI_{\mathrm{loadq}}}{dt} = -\dfrac{R_{\mathrm{load}}}{L_{\mathrm{load}}} I_{\mathrm{loadq}} - \omega I_{\mathrm{loadq}} + \dfrac{1}{L_{\mathrm{load}}} v_{\mathrm{bq}} \end{cases}$$

$$（5-62）$$

对应的小信号模型为：

$$[\Delta\dot{i}_{\text{loadd, q}}] = A_{\text{load}}[\Delta I_{\text{loadqd, q}}] + B_{\text{load1}}[\Delta v_{\text{bd, q}}] + B_{\text{load2}}[\Delta\omega] \qquad (5-63)$$

其中，系数矩阵 A_{load}、B_{load1}、B_{load2} 表达式如下：

$$A_{\text{load}} = \begin{bmatrix} -\dfrac{R_{\text{load}}}{L_{\text{load}}} & \omega_0 \\ -\omega_0 & -\dfrac{R_{\text{load}}}{L_{\text{load}}} \end{bmatrix}, \quad B_{\text{load1}} = \begin{bmatrix} 0 & \dfrac{1}{L_{\text{load}}} \\ \dfrac{1}{L_{\text{load}}} & 0 \end{bmatrix}, \quad B_{\text{load2}} = \begin{bmatrix} I_{\text{od}} \\ -I_{\text{oq}} \end{bmatrix} \qquad (5-64)$$

5.5.2.9　多智能体微电网整体小信号模型

以第一台逆变器的旋转坐标系 $d_1 - q_1$ 为参考坐标系 $D - Q$，建立两台变流器并联的小信号模型，则第二台变流器的旋转坐标系 $d_2 - q_2$ 超前第一台变流器的旋转坐标系 $d_1 - q_1$ 的角度为 δ：

$$\delta = \int(\omega_2 - \omega_1)\,\mathrm{d}t \qquad (5-65)$$

对其进行线性化处理，得到小信号模型为：

$$\Delta\delta = \Delta\omega_2 - \Delta\omega_1 \qquad (5-66)$$

通过在每一个节点与地之间引入虚拟阻抗 r_{n}（取 $r_{\text{n}} = 1000\Omega$），从而消去交流母线节点电压。

$$\begin{aligned} v_{\text{bd}} &= r_{\text{n}}(i_{\text{od}} - i_{\text{loadd}} + i_{\text{lined}}) \\ v_{\text{bq}} &= r_{\text{n}}(i_{\text{oq}} - i_{\text{loadq}} + i_{\text{lineq}}) \end{aligned} \qquad (5-67)$$

则两台变流器并联网络完整的小信号模型为：

$$[\Delta\dot{x}_{\text{sys}}] = A_{\text{sys}}[\Delta x_{\text{sys}}] \qquad (5-68)$$

式中　x_{sys} ——含两台变流器的多智能体微电网系统状态变量；

A_{sys} ——整体多智能体微电网小信号模型状态变量的系数矩阵，通过分析系数矩阵 A_{sys} 可以系统进行小信号稳定性分析。

其中，状态变量为：

$$\begin{aligned} \Delta x_{\text{sys}} = [&\Delta\delta_1 \quad \Delta\phi_{\text{dq1}} \quad \Delta\gamma_{\text{dq1}} \quad \Delta I_{\text{ldq1}} \quad \Delta v_{\text{odq1}} \quad \Delta I_{\text{odq1}} \quad \Delta\hat{I}_{\text{ldq1}} \quad \Delta\hat{v}_{\text{odq1}} \quad \Delta x_{\text{Ildq1}} \quad \Delta x_{\text{vodq1}} \\ &\Delta\delta_1 \quad \Delta\phi_{\text{dq2}} \quad \Delta\gamma_{\text{dq2}} \quad \Delta I_{\text{ldq2}} \quad \Delta v_{\text{odq2}} \quad \Delta I_{\text{odq2}} \quad \Delta\hat{I}_{\text{ldq2}} \quad \Delta\hat{v}_{\text{odq2}} \quad \Delta x_{\text{Ildq2}} \quad \Delta x_{\text{vodq2}} \\ &\Delta I_{\text{Ilinedq}} \quad \Delta I_{\text{loadq1}} \quad \Delta I_{\text{loadq2}}] \end{aligned}$$

$$(5-69)$$

5.6 多智能体微电网变流器小信号稳定性分析

5.6.1 系统参数与特征根分布

表 5-1 为多智能体微电网中两台变流器的电路与控制器参数。

表 5-1　　　　　　　　　　　多智能体微电网中两台变流器参数

参数	R_{f1}（Ω）	L_{f1}（H）	C_{f1}（F）	R_{f2}（Ω）	L_{f2}（H）	C_{f2}（F）	K_{pv1}	K_{pi1}
取值	0.01	2e^{-3}	15e^{-4}	0.000 1	5e^{-3}	10e^{-4}	10	100
参数	K_{pc1}	K_{ic1}	K_{pv2}	K_{pi2}	K_{pc2}	K_{ic2}	T_1（s）	T_2（s）
取值	10	0	0.2	20	20	0	8.001 6	8.001 6
参数	k_{1_1}	k_{2_1}	k_{3_1}	k_{4_1}	k_{5_1}	k_{6_1}	k_{7_1}	k_{8_1}
取值	0	-6.72	0	0.642	0	-512.6	0	-403.8
参数	k_{1_2}	k_{2_2}	k_{3_2}	k_{4_2}	k_{5_2}	k_{6_2}	k_{7_2}	k_{8_2}
取值	0.85	-3.94	1	0.94	-504	-410	-500	-402

注　R_{f1}，R_{f2} 是电阻；L_{f1}，L_{f2} 是电感；C_{f1}，C_{f2} 是电感。

同时在 Matlab/Simulink 中搭建仿真相同的多智能体微电网暂态仿真模型，将仿真得到的稳态工作点作为小信号分析的初始值，带入到状态矩阵 A_{sys} 中。在该平衡点处分析系统的小信号稳定性，可以获取不同运行状况下的系统动态特性，与参数变化过程中系统的动态特性。求得系统的所有特征根，如图 5-10 所示可以看出该系统特征根均分布在左半平面，证明系统是稳定的。

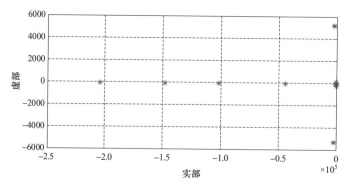

图 5-10　两台变流器系统特征根分布

5.6.2 根轨迹分析

负载作为扰动输入影响系统的运行状态，首先分析负载变化对系统稳定性的影响。当负载电阻由 1Ω 变化至 100Ω 时，系统的根轨迹变化趋势图如图 5-11 所示。可以看出当负载增大时，系统阻尼作用增强，靠近原点的系统特征根逐渐远离实轴与虚轴，系统越来越稳定。

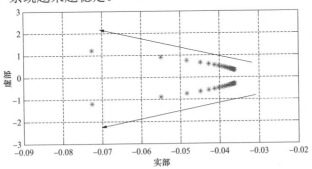

图 5-11 负载电阻变化根轨迹

接下来分析采用本文所提出的容错控制策略下 PI 环节系数变化对系统稳定性的影响。当电压环比例系数 K_{pv}、电压环积分系数 K_{iv}、电流环比例系数 K_{pc} 以及电流环比例系数 K_{ic} 分别由 0 变化至 500 时，系统的根轨迹变化趋势图如图 5-12 所示。

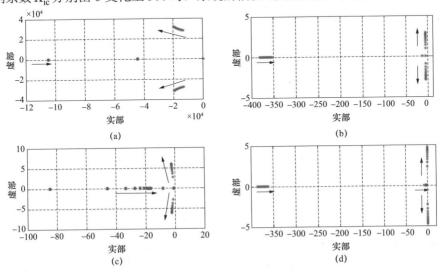

图 5-12 PI 环节参数变化根轨迹

（a）K_{pv} 参数变化；（b）K_{iv} 参数变化；（c）K_{pc} 参数变化；（d）K_{ic} 参数变化

如图 5-12（a）所示，可以看出当 K_{pv} 参数变大时，最左侧的高频特征根向右移动，中间的中频特征根向远离实轴和虚轴的方向移动，系统总体趋于更加稳定的状态；如图 5-12（b）所示，当 K_{iv} 参数变大时，左侧的低频特征根向右移动，靠近原点的特征根向远离虚轴方向变化。当 K_{pc} 参数变大时根轨迹变化趋势如图 5-12（c）所示，原点附近的特征根逐渐远离实轴与虚轴，但左侧低频特征根逐渐向趋于原点的方向移动；当 K_{ic} 参数变大时，如图 5-12（d）所示中原点处的特征根向接近实轴的方向移动甚至越过实轴，容易造成系统不稳定。

下面分析采用容错控制策略下 Q 矩阵参数变化对系统稳定性的影响。

当参数 T 由 100 变化至 -10 时，系统的根轨迹变化趋势如图 5-13 所示。当 T 由正变为负数时，靠近原点的特征根逐渐向右移动，系统稳定性减弱。并且在 T 变为负数时越过原点，系统不稳定。因此在设计 Q 时应确保 T 参数为正。

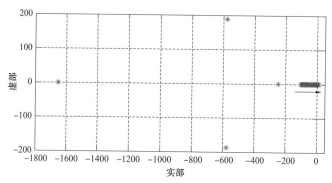

图 5-13 Q 矩阵参数 T 变化根轨迹

当参数 k 变化时，系统的根轨迹变化趋势如图 5-14 所示。为简化分析，不考虑电压与电流相互影响，只对 k_2、k_4、k_6、k_8 参数变化时进行分析。当参数 k_2 由 0 变化至 20 时，系统的根轨迹变化趋势图如图 5-14（a）所示，当 k_2 逐渐变大时，左侧低频特征根逐渐靠近虚轴；当参数 k_4 由 10 变化至 -10 时，系统的根轨迹变化趋势图如图 5-14（b）所示，当 k_4 逐渐变小时，左侧低频特征根逐渐远离虚轴，系统趋于更加稳定；当参数 k_6 由 -125 变化至 125 时，系统的根轨迹变化趋势图如图 5-14（c）所示，当 k_6 逐渐变大时，左侧低频特征根逐渐靠近虚轴；当参数 k_8 由 -1000 变化至 0 时，系统的根轨迹变化趋势图如图 5-14（d）所示，可见当 k_8 为负数向零变化时，低频特征根向原点移动甚至越过虚轴，出现正根，系统容易失稳。由上所述，残差信号的系数 k_6、k_8 变化对系统稳定性影响较大。

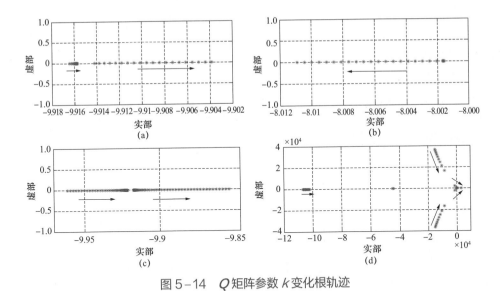

图 5-14　Q 矩阵参数 k 变化根轨迹

（a）K_2 参数变化；（b）K_4 参数变化；（c）K_6 参数变化；（d）K_8 参数变化

第6章

基于模型预测控制的多智能体微电网经济最优能量管理

为了有效地优化多智能体微电网的运行，同时满足时变的需求和运行的约束，本章基于对系统未来行为，可再生能源发电和负荷的预测，提出使用模型预测控制（MPC）的方法协调优化多智能体微电网的运行。综合考虑机组组合，经济调度，储能管理，从大电网中买卖电能和负荷削减规划等问题，首先对多智能体微电网系统建模，使用大量的约束和变量来模型化发电技术和物理特点，同时使用混合逻辑动态架构保证储能和电网交互行为的可行性（即非即时的充放电、买卖电）并考虑蓄电池的寿命和衰退影响。以最小化经济运行成本为目标进行优化求解，对于多智能体微电网中不可避免的扰动和预测误差，通过滚动时域在 MPC 中引入反馈机制进行补偿。最后通过 MPC 控制策略与传统优化控制方法仿真实验对比，验证所提模型预测控制算法的高效性。

6.1 系统的建模和约束

本文中的多智能体微电网系统组成部分主要包括：储能单元；分布式发电单元（distributed generation，DGs），可控的分布式发电单元；不可控的可再生能源发电设备；关键负荷和可控负荷（当需要时可以切除）。除此之外，多智能体微电网可以从大电网买卖电能，其拓扑结构如图 6-1 所示。

完整的多智能体微电网优化运行规划问题应该包含储能的建模，需求侧对可控负荷的管理（DSM）和与大电网的功率交换。多智能体微电网系统的模型存在连续和离散的决策变量，具有复杂性，对各组成单元建模有新的要求，比如为了协调储能与可再生能源发电和电价关系，实现复杂的充放电调度，需要将储能模

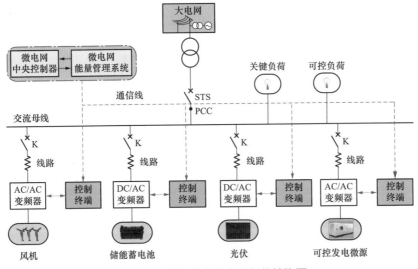

图 6-1　多智能体微电网拓扑结构图

型嵌入到运行规划问题中，而在目前的智能电网环境中尚未有针对可控负荷和储能的建模工具，因此本文以保证问题的可控和适合实时计算为目标，首先针对各发电单元、负荷、储能和与大电网功率交换行为进行建模。

6.1.1　负荷成本模型

在多智能体微电网内柴油发电机备用容量有限的情况下，为了提高多智能体微电网运行的经济性，本文将负荷分关键性负荷和可控负荷两类，多智能体微电网要时刻保证对关键负荷的可靠供电。可控负荷是指多智能体微电网内根据购售电协议可以中断的负荷（如备用设备，白天照明），当多智能体微电网内的可再生能源发电量不足以供给负荷需求时，在保证关键负荷供电的基础上，考虑买电及柴油机发电成本，可适当切除或削减部分可控负荷以提高多智能体微电网整体运行的经济性。

在需求侧管理中，用户可以指定可控负荷的削减水平，可控负荷具有一定的优先级，但在必要或紧急情况下可以灵活降低负荷水平，由此可能导致用户的不适，因此本文引入与负荷削减相关的特定的惩罚成本。我们定义一个与可控负荷 c 在每个采样时间 k 相关的连续变量 $0 \leqslant \beta(k) \leqslant 1$ 这个变量表示为满足多智能体微电网经济和稳定运行要求可控负荷需求功率在时间 k 的削减百分比，负荷的成本函数可以表示为：

$$J_{\text{load}} = \rho_c \sum_{h=1}^{N_c} \beta_h(k) L_h^c(k) \qquad (6-1)$$

式中　N_c ——可控负荷个数；

　　　ρ_c ——每个可控负荷的削减惩罚系数；

　　　$L_h^c(k)$ ——可控负荷在 k 时刻的负荷需求值。

6.1.2　储能系统模型

由于不可再生能源发电的间歇性和电网中的潮流波动，需要在多智能体微电网中加入储能设备来提高系统能量供给的可靠性和稳定性。针对本文中储能单元，定义 $SOC(k)$ 为 k 时刻的储能水平，$P_{\text{bat}}(k)$ 为在时刻 k 储能设备与外界交换的功率值，储能单元的离散时间模型表达如下

$$SOC_b(k+1) = SOC_b(k) + \eta P_{\text{bat}}(k) \qquad (6-2)$$

其中若 $P_{\text{bat}}(k) > 0$，表示向储能设备充电，为充电模式，则 $\eta = \eta_{\text{ch}}$；当 $P_{\text{bat}}(k) \leqslant 0$ 表示储能设备放电，为放电模式，$\eta = 1/\eta_{\text{dis}}$。考虑损耗的充放电效率 $\eta_{\text{ch}} > 0$、$\eta_{\text{dis}} < 1$，引入逻辑变量 $\delta_b(k)$ 及辅助变量 $z_b(k) = \delta_b(k)P_{\text{bat}}(k)$，使用混合逻辑动态建模，将蓄电池动态非线性模型转换为线性模型。

$$P_{\text{bat}}(k) > 0 \Leftrightarrow \delta_b(k) = 1 \qquad (6-3)$$

$$SOC_b(k+1) = \begin{cases} SOC_b(k) + \eta_{\text{ch}} P_{\text{bat}}(k), & \delta_b(k) = 1 \\ SOC_b(k) + 1/\eta_{\text{dis}} P_{\text{bat}}(k), & \text{反之} \end{cases} \qquad (6-4)$$

上述充放电的逻辑状态表达为混合整数的线性不等式，通过整理这些不等式将储能系统的动态模型和约束改写成以下的简写形式：

$$SOC_b(k+1) = SOC_b(k) + (\eta_{\text{ch}} - 1/\eta_{\text{dis}}) z_b(k) + 1/\eta_{\text{dis}} P_{\text{bat}}(k) \qquad (6-5)$$

对应于第一节中提到的混合逻辑建模，此处 $m = P_{\text{bat}}^{\min}$，$M = P_{\text{bat}}^{\max}$，$f(k) = P_{\text{bat}}(k)$，$\delta = \delta_b(k)$ 对于储能系统的混合整数不等式约束为：

$$\begin{cases} -P_{\text{bat}}^{\min} \delta_b(k) \leqslant P_{\text{bat}}(k) - P_{\text{bat}}^{\min} \\ -(P_{\text{bat}}^{\max} + \varepsilon) \leqslant -P_{\text{bat}}(k) - \varepsilon \\ -P_{\text{bat}}^{\min} \delta_b(k) + z_b(k) \leqslant P_{\text{bat}}(k) - P_{\text{bat}}^{\min} \\ P_{\text{bat}}^{\max} \delta_b(k) - z_b(k) \leqslant -P_{\text{bat}}(k) + P_{\text{bat}}^{\max} \\ -P_{\text{bat}}^{\max} \delta_b(k) + z_b(k) \leqslant 0 \\ P_{\text{bat}}^{\min} \delta_b(k) - z_b(k) \leqslant 0 \end{cases} \qquad (6-6)$$

同时为了保证在每一时刻 k 电能生产和消耗的平衡，必须满足多智能体微电网内的功率平衡约束：

$$P_{\text{bat}}(k) = \sum_{i=1}^{N_g} P_i(k) + P_{\text{res}}(k) + P_{\text{grid}}(k) - \sum_{j=1}^{N_l} L_j(k) - \sum_{h=1}^{N_e} [1 - \beta_h(k)] L_h^c(k) \quad （6-7）$$

式中　　$P_i(k)$——可控发电单元发电功率；

　　　　$P_{\text{res}}(k)$——风机发电功率；

　　　　$P_{\text{grid}}(k)$——多智能体微电网系统与大电网交换功率；

　　　　$L_j(k)$——关键负荷；

$L_h^c(k), \beta_h(k)$——可控负荷及其对应的削减百分比。

本文采用能量型储能元件（如蓄电池），其出力遵循多智能体微电网能量管理系统下达的调度指令，由于能量型储能元件充放电循环次数较低，需要考虑其寿命影响因素和充放电次数约束。本文在成本函数中引入与电池衰退因素相关的二项式，使成本函数不仅取决于使用寿命并且需要量化影响惩罚电池高功率的充放电，储能系统成本函数表达为：

$$J_{\text{bat}}(k) = \frac{CC_{\text{bat}} \cdot P_{\text{ch}}(k) \cdot \eta_{\text{ch}}}{2 \cdot N_{\text{cycles}}} + A_{\text{degr, ch}} \cdot P_{\text{ch}}^2(k) + \frac{CC_{\text{bat}} \cdot P_{\text{dis}}(k)}{2 \cdot N_{\text{cycles}} \cdot \eta_{\text{dis}}} + A_{\text{degr, dis}} \cdot P_{\text{dis}}^2(k) \quad （6-8）$$

式中　　CC_{bat}——蓄电池建设成本；

　　　　N_{cycles}——循环使用次数；

$A_{\text{degr, ch}}, A_{\text{degr, dis}}$——分别为充电下的衰退系数。

将之前的电池充放电状态表示成分段函数：

$$P_{\text{ch}}(k) = \begin{cases} P_{\text{bat}}(k), P_{\text{bat}}(k) \geq 0 \\ 0, P_{\text{bat}}(k) < 0 \end{cases} \quad P_{\text{dis}}(k) = \begin{cases} 0, P_{\text{bat}}(k) > 0 \\ P_{\text{bat}}(k), P_{\text{bat}}(k) \leq 0 \end{cases} \quad （6-9）$$

将其转换为 MLD 约束形式用如下不等式表示：

$$\begin{cases} 0 \leq \delta_{\text{ch}}(k) + \delta_{\text{dis}}(k) \leq 1 \\ P_{\text{ch}}(k) - P_{\text{dis}}(k) = P_{\text{bat}}(k) \\ P_{\text{bat}}^{\min} \delta_{\text{ch}}(k) \leq P_{\text{ch}}(k) \leq P_{\text{bat}}^{\max} \delta_{\text{ch}}(k) \\ P_{\text{bat}}(k) - P_{\text{bat}}^{\max}[1 - \delta_{\text{ch}}(k)] \leq P_{\text{ch}}(k) \\ P_{\text{ch}}(k) \leq P_{\text{bat}}(k) - P_{\text{bat}}^{\min}[1 - \delta_{\text{ch}}(k)] \end{cases} \quad （6-10）$$

6.1.3 并网下与大电网功率交换模型

当并网运行时，多智能体微电网可以选择从大电网买卖电能。同样使用混合逻辑建模，引入二进制变量 $\delta_g(k)$ 和辅助变量 $J_{grid}(k)$ 对从大电网买电或向大电网卖电的情况进行建模。逻辑语句描述为：

$$P_{grid}(k) > 0 \Leftrightarrow \delta_g(k) = 1 \qquad (6-11)$$

$$J_{grid}(k) = \begin{cases} \Gamma_{pur}(k)P_{grid}(k), \ \delta_g(k) = 1 \\ \Gamma_{sale}(k)P_{grid}(k), \ 反之 \end{cases} \qquad (6-12)$$

同样的可以将逻辑判断转换为混合整数线性不等式，多智能体微电网买卖电能的行为表达如下：

$$\begin{cases} P_{grid}^{max} \delta_g(k) \leqslant P_g(k) + P_{grid}^{max} \\ -(P_{grid}^{max} + \varepsilon)\delta_g(k) \leqslant -P_{grid}(k) - \varepsilon \\ M_g\delta_g(k) + J_{grid}(k) \leqslant \Gamma_{pur}(k)P_{grid}(k) + M_g \\ M_g\delta_g(k) - J_{grid}(k) \leqslant -\Gamma_{pur}(k)P_{grid}(k) + M_g \\ -M_g\delta_g(k) + J_{grid}(k) \leqslant \Gamma_{sale}(k)P_{grid}(k) \\ -M_g\delta_g(k) - J_{grid}(k) \leqslant -\Gamma_{sale}(k)P_{grid}(k) \end{cases} \qquad (6-13)$$

式中　　　P_{grid}^{max}——多智能体微电网与大电网在 PCC 点功率潮流的最大值；

$\Gamma_{pur}(k)$，$\Gamma_{sale}(k)$——k 时刻的时变买卖电价。

$$M_g = \max_k[\Gamma_{pur}(k), \Gamma_{sale}(k)]P_{grid}^{max}$$

在此处只有在并网运行时，多智能体微电网才会与大电网进行功率交换。

实时电价是一种基于供需信息、负荷特性的在未来具有可行性的价格策略，通过实时制定并发布电价，再利用价格杠杆调节电力用户的需求，实现电力负荷需求的最优化。本文中的卖电电价为定值 0.58 元/kW，购电电价信息见表 6-1。

表6-1　　　　　　　　　　　购　电　电　价　　　　　　　　　　　（元）

时间（h）	1	2	3	4	5	6	7	8
价格	0.229 4	0.169 2	0.124 3	0.092 6	0.028 7	0.162 6	0.259	0.369 3
时间（h）	9	10	11	12	13	14	15	16
价格	0.493 2	0.502 8	0.774 2	0.955 8	0.946 2	1.424 1	0.946 2	0.755 1
时间（h）	17	18	19	20	21	22	23	24
价格	0.382 3	0.348 6	0.342 7	0.394 8	0.425 1	0.332 6	0.286 7	0.212 5

6.1.4　可控发电节点模型

多智能体微电网中一般包含柴油发电机等可控的发电单元,但是由于成本高、环境和噪声污染,柴油发电机不宜长时间开启,系统中还是主要依靠储能设备作为调节单元,柴油发电机必须与储能设备优化配合,保证储能设备的 SOC 维持在正常范围内。因此,多智能体微电网的能量管理需要优化柴油发电机的开停机计划,合理安排储能装置的充放电。

为限制发电机组的频繁启停机操作,设置最小启停时间约束,不需要引入额外的变量,在每一个采样时间 k,可控发电单元运行约束可以表述为以下的混合整数线性不等式:

$$\begin{cases} \delta_i(k) - \delta_i(k-1) \leqslant \delta_i(\tau) \text{（启动）} \\ \delta_i(k-1) - \delta_i(k) \leqslant 1 - \delta_i(\tau) \text{（停止）} \end{cases} \qquad (6-14)$$

式中 $i = 1, \cdots, N_g$, $\tau = k+1, \cdots, \min(k + T_i^{up} - 1, T)$ 。例如在 k 时刻第 i 个发电单元, $\delta_i(k-1) = 0$ 表示发电单元在之前的采样时间处于关断状态,如果在 k 时刻启动电机,即 $\delta_i(k) = 1$,由上式约束条件可知,对应发电单元开关状态的最优的二进制变量在接下来的 $T_i^{up} - 1$ 采样时段内将等于 1。即如果 $T_i^{up} = 3$,则约束变为

$$\begin{cases} \delta_i(k) - \delta_i(k-1) \leqslant \delta_i(k+1) \\ \delta_i(k) - \delta_i(k-1) \leqslant \delta_i(k+2) \end{cases} \qquad (6-15)$$

为了满足约束,上式中不等式右侧值为 1。

在此基础上,考虑到发电机组的启停成本,针对发电单元建模,引入两个辅助变量 $Cost_i^{start}$, $Cost_i^{stop}$ 分别表示第 i 个可控发电单元在 k 时刻的启动和关停成本。辅助变量需满足以下约束条件:

$$\begin{cases} Cost_i^{start} \geqslant c_i^{start}[\delta_i(k) - \delta_i(k-1)] \\ Cost_i^{stop} \geqslant c_i^{stop}[\delta_i(k-1) - \delta_i(k)] \\ Cost_i^{start} \geqslant 0 \\ Cost_i^{stop} \geqslant 0 \end{cases} \qquad (6-16)$$

6.2　基于 MPC 的多智能体微电网经济优化和协调控制

多智能体微电网的最优运行规划是要通过决策合理的调度发电机、储能和可控负荷等满足多智能体微电网需求的同时最小化在接下来的一小时或一天内的多智能体微电网运行成本，主要是发电机运行成本和从大电网买电成本。在每一时刻，多智能体微电网控制器都要做出以下决策：

（1）每个可控发电单元的启停（机组组合）。

（2）每个可控发电单元在满足负荷需求下以最小成本运行的发电量（经济调度）。

（3）储能单元充电或放电状态及电量。

（4）并网运行时，多智能体微电网从大电网买卖电量。

（5）负荷削减调度，即决策哪些可控负荷需移除或削减。

整个规划问题可以表述为求解 MILP 优化问题，但是由于受限于多智能体微电网内不确定性因素（如可再生能源发电量，负荷预测值等）和模型的失配问题，系统的状态可能无法达到预测值。单独的 MILP 是不考虑不确定因素的开环解决方案，本文中我们将 MPC 的框架嵌入 MILP 优化算法中，引入反馈控制率，补偿潜在的不确定性因素的影响。

6.2.1　目标函数

结合第二节中提到的建模方法，为实现多智能体微电网最优经济运行，本文建立下述的目标函数最小化运行成本，求解决策变量。

$$\sum_{k=0}^{T-1}\sum_{i=1}^{N_g}\{C_i^{DG}[P_i(k)]+OM_iP_i(k)+Cost_i^{start}(k)+Cost_i^{stop}(k)\} \\ +OM_{bat}[2z_b(k)-P_{bat}(k)]+J_{bat}(k)+J_{grid}(k)+J_{load}(k) \tag{6-17}$$

式中　　　　　　k——离散采样时刻；

　　　　　　　　T——预测时域；

$C_i^{DG}=a_1P^2+a_2P+a_3$——发电机的出力成本，与发电功率相关的二次函数；

　　　　　　a_1,a_2,a_3——分别为成本函数系数；

　　　　　　　　P——发电机的输出功率；

$OM_iP_i(k)$ ——分布式发电单元运行与维护成本取决于其发电电量。

为减少储能系统充放电频率，引入 $OM_{bat}[2z_b(k)-P_{bat}(k)]$ 项，$2z_b(k)-P_{bat}(k)$ 表示与储能单元进行交换的真实功率值。$J_{grid}(k)$ 可以为负值，即把多余的电能卖给大电网，表示多智能体微电网系统的收益。由于风电利用的是可再生能源资源，风电在运行过程中，不直接消耗燃料，环境污染小，因此经济调度模型中忽略风电的发电成本，优先利用风电出力，采用最大功率跟踪控制。

6.2.2　物理运行约束

为求解多智能体微电网的 MILP 优化问题，同时需要满足以下物理设备和容量约束：

$$SOC_b^{min} \leqslant SOC_b(k) \leqslant SOC_b^{max} \qquad (6-18)$$

$$P_i^{min}\delta_i(k) \leqslant P_i(k) \leqslant P_i^{max}\delta_i(k) \qquad (6-19)$$

$$|P_i(k+1)-P_i(k)| \leqslant P_i^{max}\delta_i(k) \qquad (6-20)$$

$$\beta_h^{min}(k) \leqslant \beta_h(k) \leqslant \beta_h^{max}(k) \qquad (6-21)$$

式（6-18）为储能设备物理容量的约束，式（6-19）表示分布式发电单元发电功率上下限，式（6-20）为爬坡率约束，式（6-21）为可控负荷削减百分比约束。注意到当 i 个可控分布式发电单元在 k 时刻发电量 $P_i(k)$ 严格为正时，二进制变量 $\delta_i(k)=1$，反之如果 $P_i(k)=0$，则 $\delta_i(k)=0$。因此，此处设置 P_i^{min} 为一个非常小的正值，避免当 $P_i^{min}=0$ 时，在不等式（6-20）中对变量 $\delta_i(k)$ 造成错误的判断。

6.2.3　基于模型预测控制策略的优化求解

模型预测控制利用过程模型预测系统在一定控制作用下的未来的输出和状态，根据给定的运行的约束条件和性能要求，滚动地求解最优的控制作用并实施当前的控制作用。其控制结构如图 6-2 所示。

状态变量 $x(k)$ 为真实系统在 k 时刻的检测值，当确定初始状态 $x_o^*=x(k)$ 后，使用状态空间模型确定在未来预测时域 N_p 内每一个时刻的状态值 $x(k)=[x_o^*,x_1^*,\cdots,x_{Np-1}^*]$。同时根据扰动变量预测模型确定预测时域 N_p 内的扰动向量 $w(k)$。将预测状态 $x(k)$ 和预测扰动 $w(k)$ 作为模型预测控制器的输入，控制器根据系统目标函数和约束条件优化求解在未来控制时域 N_c 内的最优控制率 $u(k)=[u_o^*,u_1^*,\cdots,u_{N_c-1}^*]$。由于模型不准确，预测存在误差，环境中各种扰动的影响造成预测值和实际输出值之间存在偏差，如果将 $u(k)$ 全部作用于系统，k_1^* 时刻后的系统真实值和预测值可能出现偏差，但无法对之后的优化控制产生影响，由此可能导致系统失去稳定，或者达不到经济最优的目标。因此，我们只讲 $u(k)$ 的第一个分量 u_o^* 作用于系统，并在 k_1^* 时刻，通过更新初始条件重新在 MPC 控制器中求解优化问题。

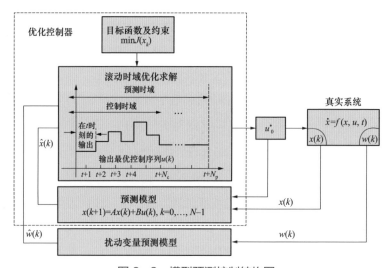

图 6-2　模型预测控制结构图

针对多智能体微电网系统，其简化 MPC 控制框图如图 6-3 所示，预测模型划分为两部分，第一部分根据光照强度、大气压强、环境温度、相对湿度和风速风向等信息预测光伏、风能可再生能源发电量，负荷需求和实时电价等，其作为扰动变量表示为 $w(k)=[P_{res}(k)\quad L_j(k)\quad L_h^c(k)]$，在本文中假定预测值是准确的，因此目标函数中的扰动变量 $w(k)$ 并不影响优化结果。第二部分为储能蓄电池动态模型，将状态变量 SOC 信息反馈给 MPC 控制器，MPC 控制器负责执行优化算法，其中定义 $SOC_b(k+j)$，表示 k 时刻的状态根据储能动态方程式（6-5）对 $k+j$ 时刻状态的预测。在每一个时刻 k，给定储能初始状态 SOC_b^k 和优化控制时域 N_c，求解有限时域的最优控制问题并计算最优控制序列 $u(k)$，MPC 控制器输出的决策变量 $u(k)=[P_i(k)\quad P_{grid}(k)\quad \beta_h(k)\quad \delta_i(k)]$，根据滚动时域策略，只执行最优控制序

列 $u(k)$ 的第一个元素，在 $k+1$ 时刻重新求解优化问题，同时使用测量或估计的新的状态值更新初始状态 $SOC_b^{(k+1)/(k+1)} = SOC_b^{k+1}$，从而引入了反馈机制。使用模型预测控制求解的经济最优目标函数和约束表达为下：

$$J(SOC_b^k) = \min_{u_k} \sum_{j=0}^{N_c-1} \sum_{i=1}^{N_g} \{C_i^{DG}[P_i(k+j)] + OM_i\delta_i(k+j) + Cost_i^{start}(k+j) + Cost_i^{stop}(k+j)\}$$
$$+ OM_{bat}[2z_b(k+j) - P_{bat}(k+j)] + J_{bat}(k+j) + J_{grid}(k+j) + J_{load}(k+j)$$
$$(6-22)$$

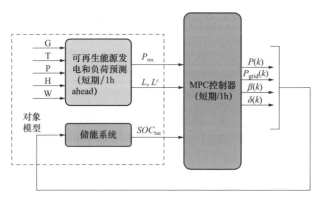

图 6-3　多智能体微电网控制框架图

约束条件：储能动态模型　式（6-5）；

功率平衡约束　式（6-7）；

不等式约束　式（6-6），式（6-10），式（6-13），式（6-14），式（6-16）；

物理设备运行约束　式（6-18）～式（6-21）。

$$SOC_b(k \mid k) = SOC_b(k) \qquad (6-23)$$

多智能体微电网模型预测控制能量管理的优化步骤为：

（1）根据实际多智能体微电网系统结构，建立多智能体微电网模型，包括负荷、储能，可控发电单元模型。设 $k=0$，选取采样周期为 $T=1h$。

（2）根据可再生能源与负荷预测的时间尺度，选取日预测控制的预测时域和控制时域均为 4h，即 $N_c = N_p = 4$。

（3）通过可再生能源功率预测和负荷预测模型，获取可再生能源预测发电功率 $P_{res}(k)$ 和负荷预测值 $L(k)$ 和 $L_c(k)$。

（4）建立多智能体微电网的优化调度模型，确定经济优化的目标函数和约束。

（5）在 MPC 控制器中，通过滚动时域优化策略，求解目标函数得到整个控制时域 N_c 上最优控制率 $u_o^*, u_1^*, \cdots, u_{Nc-1}^*$。

（6）将控制指令的第一个分量 $u(k) = u_o^*$，下发给下层控制控制和各节点逆变器。

（7）设置 $k = k_1^*$，测量当前的机组出力信息、储能装置 SOC_{k+1}，更新预测模型和多智能体微电网优化调度模型中的机组初始状态信息，转到步骤（2）。

6.3 多智能体微电网能量管理分析

6.3.1 仿真步骤和参数

本文以如图 6-1 所示的多智能体微电网拓扑结构进行算例分析，其中分布式可再生能源方面，包括 1 台装机容量 400kW 的风机机组，1 台装机容量为 700kW 光伏发电系统。储能装置选用总容量为 250kWh 的蓄电池储能，允许的最大的充放功率为 150kW，SOC 最大值和最小值分别为 0.9 和 0.2，充放电效率都是 0.9，蓄电池系统的运行和维护费用为 0.5 元/kW。3 台可控的分布式发电单元的技术参数见表 6-2，其运行和维护费用为 0.1 元/kW。图 6-4 表示一天 24h 光伏、风机发电量和关键负荷需求的预测值。本文中多智能体微电网运行在并网模式，可以从大电网买卖电能，实时电价数据见表 6-1。设定仿真采样时间为 1h，预测时域为 24h，即在 matlab 中使用 yalmip 和 lpsolve 求解 MILP 优化问题。

表6-2　　　　　　　可 控 发 电 单 元 参 数

DG 单元	P_{min}	P_{max}	a_1	a_2	a_3
1	6	80	0.001 3	0.062	1.34
2	10	100	0.001	0.057	1.14
3	10	120	0.000 4	0.06	1.14

风电、光伏及负荷的超短期预测功率可由时序法、外推法等人工智能法等方法进行预测，本文重点在讨论 MPC 滚动优化策略的有效性，使用神经网络法来预测一天内的可再生能源发电量和负荷预测值。可再生能源发电量、负荷需求的预测值和真实值对比如图 6-4 所示。

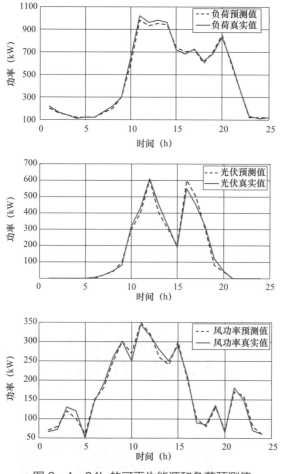

图 6-4　24h 的可再生能源和负荷预测值

6.3.2　控制策略对比和分析

针对多智能体微电网的优化运行问题，本文使用以下几种控制策略来对比验证不同控制方法的优越性：

（1）基于 MPC 的控制策略：如上文中所提，在模型预测控制中加入反馈控制律形成闭环，本文中假定在 MPC 问题中预测值是完全准确的，即不受误差影响，不确定性因素通过反馈机制进行补偿。

（2）日前经济调度策略：此策略中，多智能体微电网使用预测信息在日前通过线性规划直接求解最优控制率，完成对第二天的调度规划，是一种解决单独

MILP 问题的开环解决方案。

（3）启发式逻辑算法：即不使用预测信息和优化算法，通过逻辑判断来实现多智能体微电网的运行和控制。当可再生能源多余负荷需求时，给蓄电池充电到其上限值，多余能量卖给大电网。反之则蓄电池优先放电至其下限值，仍有缺额则对比从大电网买电成本和可控发电单元运行成本，选择成本较低的补偿方式。

在两种策略下一天 24h 内 3 台可控分布式发电单元发电量和多智能体微电网系统与大电网交换功率，即买卖电量值对比，如图 6-5 和图 6-6 所示。当能量供应紧张时，综合考虑发电成本和电价因素使用可控的分布式单元发电并从电网买电；当新能源充足时，可以选择向电网卖电，并使用蓄电池存储电能，实现对富余能量的利用，起到削峰填谷的作用。从图中可以看出使用 MPC 控制策略能够更加高效地利用可控的发电单元，并将更多的电能卖给大电网，实现经济运行的目的。

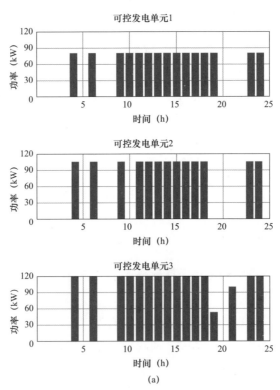

图 6-5　两种控制策略 24h 可控发电单元发电量对比（一）

（a）MPC

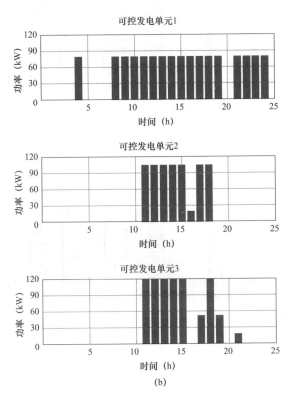

图 6-5　两种控制策略 24h 可控发电单元发电量对比（二）

（b）日前调度

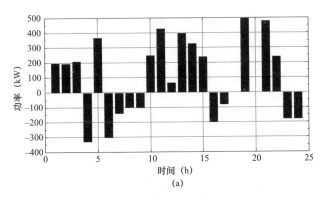

图 6-6　24h 内买卖电量值对比（一）

（a）MPC

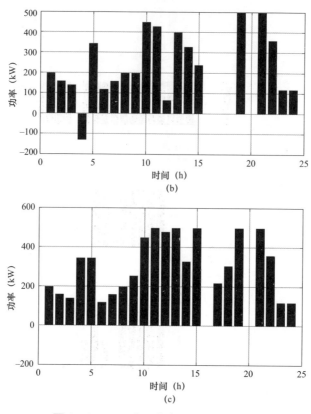

图6-6　24h 内买卖电量值对比（二）

（b）日前调度；（c）启发式算法

三种控制策略中，启发式算法不使用预测信息，使用者对未来负荷及发电功率变化趋势不了解，因此以用户当前舒适度，即满足每一时刻负荷需求作为首要目标，不考虑负荷削减问题。MPC 和日前调度策略通过在用电高峰期综合考虑负荷削减成本和实时电价等因素，通过切除部分可控负荷，实现多智能体微电网整体经济运行最优的目标，如图 6-7 所示。在惩罚系数适当的情况下，MPC 策略能通过更合理的切除可控负荷方案以降低用户舒适度为代价实现成本最优。

经过 24h 全局优化后的三种方法的优化结果对比表 6-3，从中可以看出基于 MPC 的控制策略运行成本最低，日前调度策略由于没有反馈机制，受负荷端和可再生能源发电侧不确定因素的影响，其结果并不理想，但两者成本都低于不使用预测信息的启发式逻辑算法。同时由于采用滚动时域的策略，模型预测控制算法比开环的 MILP 算法运算速度更快，具有明显的优越性。

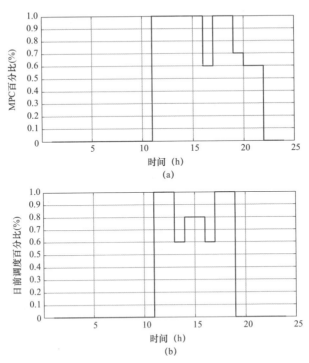

图 6-7　可控负荷削减百分比

（a）MPC；（b）日前调度

表 6-3　　　　　　　　　多智能体微电网最优运行结果对比

序号	方法	最优成本（元）
1	MPC	4147.89
2	日前调度	4565.23
3	启发式算法	4836.64

6.4　含智能用户多智能体微电网多时间尺度预测控制能量管理

由于分布式节点的大量接入从而引起多智能体微电网潮流的双向变化，并且随着即插即用型智能负荷的加入，其时变的用电数量和随机的用电时间也给负荷侧的管理带来额外的挑战，为解决含智能用户多智能体微电网能量管理系统面临的双向扰动问题，本章使用分层多时间尺度模型预测控制策略，在长时间尺度内实现长期的能量最优经济调度，在短时间尺度内实现实时的负荷供需平衡，保证多智能体微电网的稳定运行。

6.4.1 含智能用户多智能体微电网控制结构

针对含智能用户多智能体微电网能量管理问题，本章设计出一个多时间尺度的多智能体微电网分层协调控制和能量管理框架如图6-8所示，该多智能体微电网的拓扑结构主要包括：① 可再生能源，以光伏发电和风力发电为主的清洁能源；② 可控节点，以传统的柴油机、微型燃气轮机为主的可控发电节点；③ 储能设备，以蓄电池为主的储能设备引入用于削峰填谷，平滑新能源随机性扰动；④ 智能用户，以电动车为主的即插即用型用户，带有测量与反馈信息系统，能够主动参与多智能体微电网的运行；⑤ 上层中央控制器，协调储能设备的充放电时间、充放电量，可控节点的发电量和对下层控制器的功率输出；⑥ 下层本地控制器，对智能用户需求的采集并实现实时供需平衡优化控制。

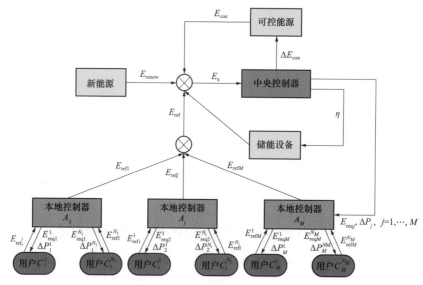

图6-8 智能用户多时间尺度预测控制能量管理结构图

$E_{renew}(k)$—可再生能源预测值；$\Delta E_{con}(k)$—可控发电单元输出功率；$E_s(k)$—多智能体微电网在当前时刻富余能量；

$E_{ref}(k)$—中央控制器收集到的用户负荷预测值；$E_{req}(k)$—中央控制器下发给本地控制的功率；

$E_{refj}(k)$—本地控制器采集的各组用户负荷需求信息；$E_{reqi}(k)$—本地控制器对各组

负荷的调节功率；$\Delta P_j(k)$—本地控制器采用延时或提前供电对用户的影响

由于可再生能源的间歇性和智能负荷的多样性，分别建立慢时间尺度和快时间尺度两层优化问题。上层的中央控制器是以小时为采样周期的 MPC 控制器，协调控制各模块的工作，根据一天 24h 内可再生能源的预测值、储能设备的状态及其本地控制器收集的用户负荷预测值，优化储能设备的充放电时间、充放电量、可控发电单元供电功率以及对本地控制器需求电能的调节作用，实现长期内的全局经济最优和最合理的能量调度。

同时由于底层智能用户的庞大数量和需求的时变性，为了应对运行参数的频繁变化对全局优化策略带来的干扰，应避免用户和中央控制器的直接相连，所以加入下层本地控制器通过区域自治控制策略分别控制一定量的负荷，减小负荷波动性对中央处理器造成的压力，实现对负荷的分散管理。下层本地控制器是以分钟为采样周期的 MPC 控制器，控制管理 N 个即插即用的智能用户 $C_i^N, i=1,\cdots,N$，其中 $M \leqslant N$，将用户负荷的需求信息实时反馈到中央控制器，并接收来自中央控制器下发的功率调度指令，通过对用户负荷需求的实时优化，使多智能体微电网能在短时间尺度内对于小幅度的负荷及间歇式功率波动做出实时响应，以修正实际负荷与预测负荷值的偏差，缓解功率波动，增强系统运行的鲁棒性。

6.4.2　上层慢时间尺度优化问题

在每一个采样时刻 k 本地控制器采集当前时刻各组智能用户的用电信息预测值 $E_{\text{req}\,j}(k)$，并上传给中央控制器。根据用户负荷需求，中央控制器通过模型预测控制算法求解当前时刻最优控制率，协调可再生能源、可控发电单元和储能设备的输出，向负荷提供电能，多智能体微电网内部功率平衡的动态特性可描述为：

$$E_s(k) = E_{\text{renew}}(k) + \Delta E_{\text{con}} - E_{\text{req}}(k) \qquad (6-24)$$

$$\Delta E_{\text{con}}^{\min} \leqslant \Delta E_{\text{con}}(k) \leqslant \Delta E_{\text{con}}^{\max} \qquad (6-25)$$

针对负荷侧的扰动问题，对智能用户引入一种提前或延时用电的能量调度策略来鼓励用户负荷低峰积极用电、高峰减少用电，从而实现对用户端扰动的削减和平滑。因此分配给智能用户的实际电量为：

$$E_{\text{req}}(k) = \sum_{j=1}^{M} \lambda_j E_{\text{req}\,j}(k) \qquad (6-26)$$

$$E_{\text{req}\,j}(k) = E_{\text{ref}\,j}(k) + a_{\text{p},\,j}\Delta P_j(k) \qquad (6-27)$$

$$\Delta P_{j,\min}(k) \leqslant \Delta P_j(k) \leqslant \Delta P_{j,\max}(k) \tag{6-28}$$

式中　　$a_{p,j}$——中央控制器对本地控制器 A_j 功率调度的调节系数；

$\quad\quad\quad\lambda_j$——本地控制器 A_j 在总负荷需求中所占的比例。

另一方面，储能系统的动态特性可以描述为：

$$[SOC^{\text{ref}} - SOC(k+1)] = a[SOC^{\text{ref}} - SOC(k)] + \eta E_s(k) \tag{6-29}$$

$$SOC_{\min} \leqslant SOC(k) \leqslant SOC_{\max} \tag{6-30}$$

式中　　$SOC(k)$——k 时刻储能设备的剩余容量状态，储能系统的物理损耗系数

$\quad\quad\quad a \in (0,1)$；

$\quad\quad\quad\eta$——储能设备的充放电效率。

它们之间满足如下关系：

$$\eta = \begin{cases} \eta_c, & \text{if } E_s(k) \\ \eta_d, & \text{else} \end{cases} \tag{6-31}$$

式中　　η_c——充电效率；

$\quad\quad\quad\eta_d$——放电效率。

储能的充放电过程可以看作是一个同时包含连续变量和离散变量的动态过程，通过第一章提到的混合逻辑动态建模方法将逻辑命题转换为线性不等式，引入二进制变量 $\delta(k)$ 表示储能在当前时刻的充放电状态，引入辅助变量 $Z(k) = \delta(k)E_s(k)$ 表示当前时刻充放电的电量，则储能设备的动态特性变为：

$$[SOC_{\text{ref}} - SOC(k+1)] = a[SOC_{\text{ref}} - SOC(k)] + (\eta_c - \eta_d)Z(k) + \eta_d E_s(k) \tag{6-32}$$

满足以下线性不等式约束条件：

$$E_1\delta(k) + E_2 Z(k) \leqslant E_3 E_s(k) + E_4 \tag{6-33}$$

其中：

$$E_1 = [SOC_{\text{ref}} - (SOC_{\text{ref}} + \varepsilon)\ SOC_{\text{ref}}\ SOC_{\text{ref}} - SOC_{\text{ref}} - SOC_{\text{ref}}]^{\text{T}}$$

$$E_2 = [0\ 0\ 1 - 1\ 1 - 1]^{\text{T}} \quad E_3 = [1 - 1\ 1 - 1\ 0\ 0]^{\text{T}}$$

$$E_4 = [SOC_{\text{ref}} - \varepsilon\ SOC_{\text{ref}}\ SOC_{\text{ref}}\ 0\ 0]^{\text{T}}$$

选取状态变量 $x(k) = SOC_{\text{ref}} - SOC(k)$

并记 $E_w(k) = E_{\text{renew}}(k) - \sum\limits_{j=1}^{M}\lambda_j E_{\text{ref}\,j}(k)$，$b = \eta^c - \eta^d$，$c = \eta^d$，$P_s$ 是预测时域长度，

$l_s = 1, \cdots, P_s$，则式（6-32）可重新表述为：

$$x(k+1)=ax(k)+bZ(k)+c\Delta E_{con}(k)-c\sum_{j=1}^{M}\lambda_j a_{p,j}\Delta P_j(k)+cE_w(k) \quad (6-34)$$

从而可以写出系统预测模型：

$$X(k+1)=ax(k)+b\tilde{Z}(k)+c\Delta\tilde{E}_{con}(k)-c\sum_{j=1}^{M}\lambda_j a_{p,j}\Delta\tilde{P}_j(k)+c\tilde{E}_w(k) \quad (6-35)$$

其中：

$$\tilde{Z}(k)=\left[\,Z(k|k)\ Z(k+1|k)\cdots Z(k+P_s-1|k)\,\right]^{T}$$

$$X(k+1)=\left[\,x(k+1|k)\ x(k+2|k)\cdots x(k+P_s|k)\,\right]^{T}$$

$$\Delta\tilde{P}_j(k)=\left[\,\Delta P_j(k|k)\ \Delta P_j(k+1|k)\cdots \Delta P_j(k+P_s-1|k)\,\right]^{T}$$

$$\tilde{\delta}(k)=\left[\,\delta(k+1|k)\ \delta(k+2|k)\cdots \delta(k+P_s|k)\,\right]^{T}$$

$$\Delta\tilde{E}_{con}(k)=\left[\,\Delta E_{con}(k|k)\Delta E_{con}(k+1|k)\cdots \Delta E_{con}(k+P_s-1|k)\,\right]^{T}$$

$$A=[a\ a^2\cdots a^{P_s}]^{T},\quad B_w=B_c$$

$$B_c=\begin{bmatrix}c & 0 & \cdots & 0\\ ac & c & \cdots & 0\\ \vdots & \vdots & & \vdots\\ a^{P_s-1}c & \cdots & ac & c\end{bmatrix} B_z=\begin{bmatrix}b & 0 & \cdots & 0\\ ab & b & \cdots & 0\\ \vdots & \vdots & & \vdots\\ a^{P_s-1}b & \cdots & ab & b\end{bmatrix}$$

$$B_{pj}=\begin{bmatrix}\lambda_j a_{pj}c & 0 & \cdots & 0\\ a\lambda_j a_{pj}cb & \lambda_j a_{pj}c & \cdots & 0\\ \vdots & \vdots & & \vdots\\ a^{P_s-1}\lambda_j a_{pj}c & \cdots & a\lambda_j a_{pj}c & \lambda_j a_{pj}c\end{bmatrix}$$

中央控制器基于本地控制器 A_j 实时上传的用户负荷需求信息 $E_{ref}(k)$，调节可控发电单元的输出功率 $\Delta E_{con}(k)$、储能的充放电时间 $\delta(k)$ 充放电电量 $Z(k)$ 以及对本地控制器的功率调度 $\Delta P_j(k)$。为了实现最优的能量调度和经济运行，往往期望控制输出接近给定的参考输入，并且希望控制动作的变化不要太大，所以上层慢时间尺度的优化问题的目标函数表达如下：

$$\min J(k)=\min\sum_{k=T_0}^{T_s}(\left\|X(k+1)\right\|_{R_1}^2+\left\|\Delta\tilde{E}_{con}(k)\right\|_{R_2}^2+\left\|\tilde{Z}(k)\right\|_{R_3}^2+\left\|\tilde{\delta}(k)\right\|_{R_4}^2+\sum_{j=1}^{M}\left\|\Delta\tilde{P}_j(k)\right\|_{Q_j}^2)$$

$$\text{s.t.}\begin{cases} X(k+1)=ax(k)+b\tilde{Z}(k)+c\Delta\tilde{E}_{\text{con}}(k)-c\sum_{j=1}^{M}\lambda_j a_{\text{p},j}\Delta\tilde{P}_j(k)+c\tilde{E}_{\text{w}}(k) \\ E_1\delta(k)+E_2 Z(k)\leqslant E_3 E_{\text{s}}(k)+E_4 \\ \Delta E_{\text{con}}^{\min}\leqslant\Delta E_{\text{con}}(k)\leqslant\Delta E_{\text{con}}^{\max} \\ \Delta P_{j,\min}(k)\leqslant\Delta P_j(k)\leqslant\Delta P_{j,\max}(k) \\ x_{\min}\leqslant x(k)\leqslant x_{\max} \end{cases} \quad (6-36)$$

式中　　　　　T_0, T_{s}——分别是控制器采样的起始时刻和采样的时间长度；

R_1, R_2, R_3, R_4, Q_j——系统的加权矩阵。

通过混合整数二次规划方法求解上述带约束的优化问题，获得 MPC 控制器输出的决策变量 $U(k)$

$$U(k)=[\Delta\tilde{E}_{\text{con}}(k) \quad \tilde{Z}(k) \quad \tilde{\delta}(k) \quad \Delta\tilde{P}_j(k)]^{\text{T}} \quad (6-37)$$

根据滚动时域策略，将求解的当前时刻的最优控制律 $U^*(k)$ 下发给下层的本地控制器，在下一个采样周期，根据新的用户负荷预测、可再生能源发电预测和储能状态信息等重新求解优化问题。

6.4.3　下层快时间尺度优化问题

通过上层慢时间尺度优化我们得到了中央控制器在每一个慢采样周期内对本地控制器 A_j 的调度信息 $\Delta P_j^*(k)$，从而可以计算出中央控制器分配给本地控制器 A_j 的实际能量：

$$E_{\text{req}_j}^*(k)=E_{\text{ref}_j}(k)+a_{p,j}\Delta P_j^*(k) \quad (6-38)$$

本地控制器的采样周期为分钟级远小于中央控制器小时级的采样周期，所以可以认为在每一个慢速采样周期内不同的快速采样时刻 t，集中控制器下发的控制命令保持不变。在每一个快速采样时刻 t，每个智能用户负荷的实际需求 $E_{\text{req}i}(t)$ 为：

$$E_{\text{req}_i}(t)=E_{\text{ref}_i}(t)+a_{\text{p},i}\Delta P_i(t),i=1,\cdots,N \quad (6-39)$$

$$\Delta P_{i,\min}\leqslant\Delta P_i(t)\leqslant\Delta P_{i,\max}$$

且每个本地控制器 A_j 需要满足以下约束条件：

$$\sum_{i\in C_i^{N_j}}\lambda_i E_{\text{req}_i}(t)=E_{\text{req}_j}(t) \quad (6-40)$$

式中 λ_i——用户需求用电 $E_{\text{req}i}(t)$ 占集合器 A_j 总能量需求 $E_{\text{req}j}(t)$ 的百分比。在预测时域内，每个智能用户 i，$i=1$，$\cdots$，N 的负荷预测值为：

$$E_{\text{req}i}(t+l_{\text{f}}|t)=E_{\text{ref}i}(t+l_{\text{f}}|t)+a_{\text{p},i}\Delta P_i(t+l_{\text{f}}|t) \tag{6-41}$$

并满足如下约束条件：

$$\Delta P_{i,\text{min}}\leqslant \Delta P_i(t+l_{\text{f}}|t)\leqslant \Delta P_{i,\text{max}}, l_{\text{f}}=1,\cdots,P_{\text{f}} \tag{6-42}$$

$$\sum_{i\in C_i^{N_j}}\lambda_i E_{\text{req}i}(t+l_{\text{f}}|t)=E_{\text{req}j}(t+l_{\text{f}}|t) \tag{6-43}$$

根据中央控制器每小时内实际分配给本地控制器 A_j 的能量 $E_{\text{req}j}^*(t)$，本地控制器在满足约束条件下，在快速采样时间内通过 MPC 控制器优化对用户负荷的分配功率 $\Delta P_i(t)$，保证对用户负荷时变需求的实时供应，实现短期内对负荷供求误差的最小化和能量的优化利用。本地控制器 A_j 的下层快时间尺度的优化问题的目标函数为：

$$\min J_j(t)=\min \sum_{t=T_0}^{T_f}\left[\sum_{i=1}^{C_i^{N_j}}\left(\left\|\tilde{E}_{\text{req}i}(t)\right\|_{Q_i}^2\right)-E_{\text{req}j}^*(t)+\sum_{i=1}^{C_i^{N_j}}\left(\left\|\Delta\tilde{P}_i\right\|_{R_i}^2\right)\right] \tag{6-44}$$

$$\text{s.t.}\begin{cases} E_{\text{req}i}(t+l_{\text{f}}|t)=E_{\text{ref}i}(t+l_{\text{f}}|t)+a_{\text{p},i}\Delta P_i(t+l_{\text{f}}|t)\\ \Delta P_{i,\text{min}}\leqslant \Delta P_i(t+l_{\text{f}}|t)\leqslant \Delta P_{i,\text{max}}\\ \sum\lambda_i E_{\text{req}i}(t+l_{\text{f}}|t)=E_{\text{req}j}(t+l_{\text{f}}|t) \end{cases}$$

其中

$$\tilde{E}_{\text{req}i}(t)=[E_{\text{req}i}(t+1|t)E_{\text{req}i}(t+2|t)\cdots E_{\text{req}i}(t+P_{\text{f}}|t)]^{\text{T}}$$

$$\Delta\tilde{P}_i(t)=[\Delta P_i(t+1|t)\Delta P_i(t+2|t)\cdots \Delta P_i(t+P_{\text{f}}|t)]^{\text{T}}$$

式中 T_0——采样的起始时刻；

T_{f}——采样的时间长度；

P_{f}——快时间尺度优化的预测时域长度；

l_{f}——系数，$l_{\text{f}}=1$，$\cdots$，P_{f}；

Q_i，R_i——权重矩阵。

通过求解上述带约束的二次规划优化问题可以得到本地控制器 A_j 对各智能用户需求能量的实时优化分配功率 $E_{\text{req}i}^*(t)$，$i=1$，$\cdots$，N。

下面给出含智能用户的多时间尺度预测控制算法的流程图：

步骤 1：在当前采样时刻 k，本地控制器 $A_j, j=1, \cdots, M$ 采集各组智能用户的在未来一段时间内负荷需求预测值 $E_{\mathrm{ref}\,j}(k), j=1, \cdots, M$ 并通过通信上传给中央控制器；

步骤 2：上层的中央控制器获取 k 时刻储能设备的 $SOC(k)$ 和可再生能源信息 $E_{\mathrm{renew}}(k)$，在满足供需平衡、物理设备容量和可控发电单元功率变化等约束条件下，求解上层慢时间尺度的优化问题式（6−36），求得当前时刻最优可控发电单元输出功率、储能的充放电时间和充放电量，并将求得的对智能用户负荷的调控功率 $\Delta P_j^*(k)$ 下发给下层的本地控制器 A_j。

步骤 3：基于上层中央控制器优化求解出的 k 时刻的优化分配信息 $E_{\mathrm{req}i}^*(k)$ 和 $\Delta P_j^*(k)$，本地控制器 A_j 在快采样时刻 $t=k+L_{\mathrm{f}}, L_{\mathrm{f}}=0, \cdots, (T_{\mathrm{s}}/T_{\mathrm{f}})-1$ 分别求解下层快时间尺度的优化问题式（6−44），得到对用户负荷需求的优化分配 $E_{\mathrm{req}i}^*(t)$ 和 $\Delta P_i^*(t)$。

步骤 4：在下一个采样时刻 k 令 $k=k+1$，并返回步骤 1，重复以上步骤。

6.4.4 算例分析

算例中多智能体微电网系统的拓扑结构如图 6−9 所示，包含一个可控发电单元、一组可再生能源发电单元、一组储能设备、10 个以即插即用方式接入多智能体微电网系统的不同用电特性的智能用户 {c1, c2}，{c3, c4}，{c5, c6}，{c7, c8}，{c9, c10} 并分别由 5 个位于下层的本地控制器 A_j，$j=1, \cdots, 5$ 管理优化以及一个具有综合协调控制作用的中央控制器。这里考虑每个本地控制器分组管理 2 个智能用户的能量分配且各本地控制器间对用户的管理没有交集。图 6−9 为一天 24h 内所有智能用户负荷总需求预测值，在 11:00～17:00 间，负荷的需求量达到一

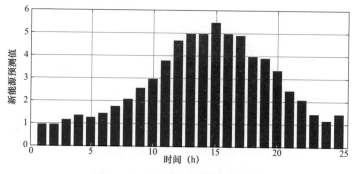

图6−9　可再生能源发电预测值

天最大值，随后逐步小幅衰减到夜间 22:00，在其余时刻用户需求量相对较小。如图 6-10 所示为一天 24h 内可再生能源发电预测值，新能源在 8:00～22:00 间比较丰富，但供电量存在较大的波动性。因此，为了改善新能源的随机性和负荷波动性给系统带来的双向扰动，实现长期的能量优化和短期的对用户功负荷的实时分配，因此采用分层多时间尺度模型预测控制能量管理策略。

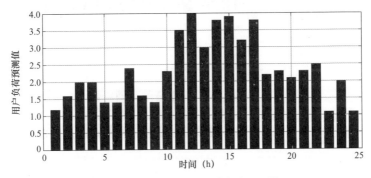

图 6-10　所有用户负荷发电预测值

上层中央控制器以 1h 为采样周期，预测时域长度 $P_s = 4$（h）起始时刻 $T_0 = 0:00$，终止时刻为 $T_s = 24:00$，基于一天 24h 内可再生能源预测信息、储能状态以及本地控制器 A_j 上传的用户负荷需求预测值，通过慢时间尺度 MPC 控制器采用滚动时域策略优化一天 24h 内每小时储能的充放电时间、充放电量、可控发电单元输出功率以及对本地控制的调度功率，实现多智能体微电网在长期内的经济运行。其中可控发电单元的供电功率的变化满足约束条件 $-0.5 < \Delta E_{con}(k) < 0.5$，对智能用户供电功率满足约束条件 $-0.5 < \Delta P(k) < 0.5$。

基于上层慢时间尺度的优化信息，下层本地控制器采用慢时间尺度，在每 10min 内优化对用户负荷需求能量的调度，实现对负荷需求的实时供应，预测时域长度 $P_f = 10$（min），$T_s = T_f$。为求解上述含智能用户多时间尺度的能量优化管理问题，选取参数如下：慢采样周期和快采样周期内的权矩阵分别为 $R_1 = R_2 = R_3 = R_4 = Q_j = R_i = I$，$j = 1, \cdots, 5$，$i = 1, \cdots, 10$，储能的放电效率 $\eta_c = -0.6$，充电效率 $\eta_d = 0.6$，储能设备的能量损耗系数 $a = 0.2$。储能设备 SOC 的初始状态和期望值均为 2，并满足约束 $1 \leqslant SOC(k) \leqslant 4$。

如图 6-11～图 6-13 为使用 MPC 算法优化求解慢时间尺度优化问题的仿真结果。从图中可以看出在 2:00～4:00、6:00～8:00 和 22:00 这几个时间段内，可再生能源受天气影响发电量较少而用户需求较多时,能量供应不足以满足负荷需求,此时,储能设备处于放电状态可控发电单元的供电功率会增加,对负荷需求的供

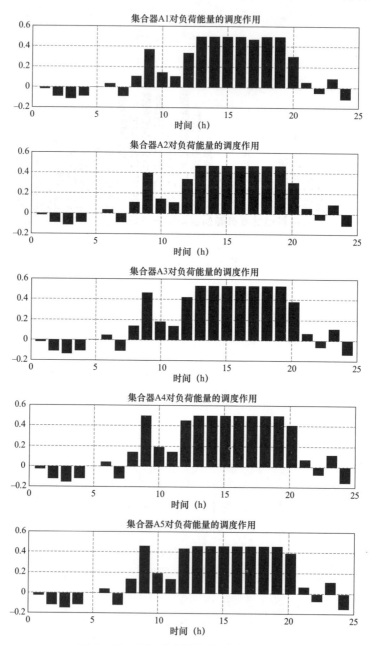

图6-11 24h内本地控制器对用户调度

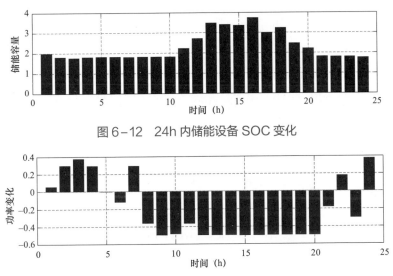

图 6-12　24h 内储能设备 SOC 变化

图 6-13　24h 内可控发电单元功率的变化

应会削减，弥补缺省的电能以此来实现多智能体微电网内的功率供需平衡；在其他时刻，可再生能源丰富足以满足用户负荷需求，此时储能设备处于充电状态吸收电网中富余的能量，可控发电单元的供电功率下降并增加对负荷需求的供应，从而减少多智能体微电网中富余的能量，实现经济最优的功率调度和能量管理。

　　基于上层慢时间尺度优化求解出的在一天 24h 内每个采样时刻的最优控制率，本地控制器 A_j（$j=1$，…，5），通过对下层 MPC 控制器快时间尺度优化问题式（6-40）的求解，获得对每组智能用户的在快速采样周期内的功率分配信息，以修正实际负荷需求与预测值之间的偏差，实时的满足用户的负荷需求。当能量供应紧张时，实时功率供应曲线与负荷需求曲线基本吻合，说明实时功率供给能满足负荷需求；当可再生能源充足时，下层本地控制器引入提前用电或延时供电的策略，实现对多智能体微电网中多余能量的充分利用，起到削峰填谷的作用，且仍能满足用户的负荷需求。对于每组即插即用型智能用户，不仅在慢速采样周期内本地控制器供给的电能能很好地跟踪负荷需求曲线，而且在快速采样周期内功率供应曲线与负荷需求曲线偏差不大，不仅满足用户负荷在长时间尺度下的负荷需求，而且实现了在短时间尺度对负荷需求的实时供应。

第7章

基于模型预测的多智能体微电网虚拟同步
发电机控制策略

7.1 虚拟同步发电机控制与并联技术

7.1.1 虚拟同步发电机逆变器建模

如图 7-1 所示为单个传统 VSG 的闭环控制结构的总拓扑图。图 7-1 中主电路部分包括：直流电压源 U_{dc}，$V_1 \sim V_6$ 组成的三相逆变桥；电感 L_f、电容 C_f 由此构成 L_C 滤波电路；网侧还存在电感 L_{line} 和电阻 R_{line}，模拟电路的线路阻抗。

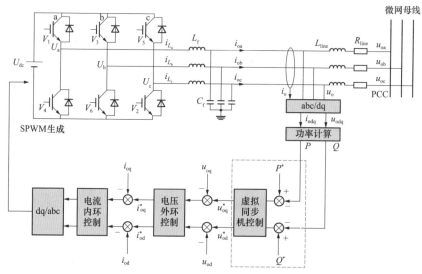

图 7-1 虚拟同步发电机（VSG）控制策略

144

　　VSG 闭环控制系统的总体思路是首先对 LC 滤波后的网侧电压电流进行测量采集之后经过 3s－2r 变换得到两相旋转的电压电流，后经过功率计算模块算出有功功率与无功功率，进入虚拟同步发电机控制部分，首先经过与给定值的对比经过 VSG 的有功环与无功环，得到电压频率与幅值之后可计算两相旋转的电压给定值。之后把给定值给到双环控制结构通过内部 PI 调节后得到两相的电压，最后经过 SPWM 的脉宽调制得到 3 组对称方波反馈给到三相逆变器的门极实现控制，完成整套闭环系统。

　　图 7－1 中的三相逆变桥由一个全控型开关器件 IGBT 和一个二极管组成。U_a、U_b、U_c 分别对应了三相桥臂的对应电压，三相逆变器有 8 种开关状态。设开关函数 S_i 如式（7－1）所示。

$$S_i = \begin{cases} 1, i \text{向上桥臂导通} \\ 0, i \text{向上桥臂导通} \end{cases} (i = a, b, c) \qquad (7-1)$$

以 a 相为例，其电压方程为：

$$U_{a0}(t) = U_{aN}(t) + U_{N0}(t) \qquad (7-2)$$

由电网电压平衡可得：

$$U_{a0}(t) + U_{b0}(t) + U_{c0}(t) = 0 \qquad (7-3)$$

由式（7－2）、式（7－3）结合 b，c 相可推出：

$$U_{N0}(t) = -\frac{U_{aN}(t) + U_{bN}(t) + U_{cN}(t)}{3} U_{N0}(t) \qquad (7-4)$$

采用单极性二值逻辑开关函数可得：

$$U_{jN} = s_j U_{dc} (j = a,b,c) \qquad (7-5)$$

联立式（7－4）与式（7－5）可得：

$$U_{a0}(t) = \frac{2s_a - s_b - s_c}{3} U_{dc} \qquad (7-6)$$

忽略系统损耗使得直流侧输入功率等于交流测输出功率得：

$$I_{dc}(t) U_{dc}(t) = \sum_{j=a,b,c} i_j(t) U_{jN}(t) \qquad (7-7)$$

联立式（7－2）、式（7－7）可得：

$$i_{dc}(t) = i_a(t) s_a + i_b(t) s_b + i_c(t) s_c \qquad (7-8)$$

根据写出的 8 种开关状态方程，可更好地得到 i_{dc} 的波形。而直流侧电流波动必影响到直流侧电压使其产生波动，这样会影响到输出电压波形的效果。因此，更好地控制直流侧电流可保障输出电压波动的效果。

7.1.2 虚拟同步发电机控制方法

VSG 的输出有功功率 P_e 和无功功率 Q_e 在 $\alpha\beta$ 坐标系下计算公式如下：

$$P_e = e_\alpha i_\alpha + e_\beta i_\beta \tag{7-9}$$

$$Q_e = e_\beta i_\alpha - e_\alpha i_\beta \tag{7-10}$$

式中　e_α，e_β——逆变桥臂中点电压值；

　　　i_α，i_β——LC 滤波后电流。

VSG 的有功环与无功环的数学方程有：

$$\begin{cases} J\dfrac{\mathrm{d}\omega}{\mathrm{d}t} = T_{set} + D_p(\omega_n - \omega) - T_e \\ T_{set} = \dfrac{P_{set}}{\omega_n}; \quad T_e = \dfrac{P_e}{\omega_n} \\ \theta = \displaystyle\int \omega\,\mathrm{d}t \\ Q_{set} + \sqrt{2}D_q(U_n - U_0) - Q_e = \sqrt{2}K\dfrac{\mathrm{d}E}{\mathrm{d}t} \end{cases} \tag{7-11}$$

式中　P_e——从主电路中所采值根据功率计算所得的实际有功功率；

　　　Q_e——从主电路中所采值根据功率计算所得的无功功率；

　　　P_{set}——有功功率的给定值；

　　　Q_{set}——无功功率的给定值；

　　　T_e——电磁转矩；

　　　T_{set}——给定转矩；

　　　D_p——有功－频率的下垂系数；

　　　D_q——无功－电压下垂系数；

　　　ω——VSG 的角频率；

　　　ω_n——额定角频率；

　　　U_0——输出电压有效值；

　　　U_n——额定电压有效值；

　　　J——虚拟转动惯量。

VSG 的有功无功环控制框图如图 7-2 所示。

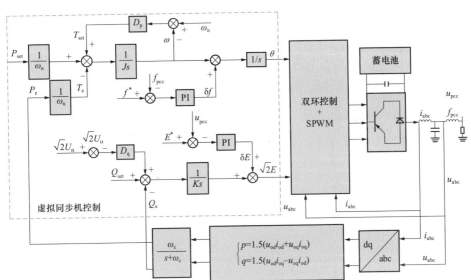

图 7-2　VSG 的有功无功环控制框图

在从 VSG 有功环与无功环分别得出频率与幅值后，可得到三相调制波 e_{am}、e_{bm} 和 e_{cm} 的表达式为：

$$\begin{cases} e_{am} = \sqrt{2}E_m \sin\theta \\ e_{bm} = \sqrt{2}E_m \sin\left(\theta - \dfrac{2\pi}{3}\right) \\ e_{cm} = \sqrt{2}E_m \sin\left(\theta + \dfrac{2\pi}{3}\right) \end{cases} \tag{7-12}$$

7.1.2.1　有功功率调节部分

在虚拟同步发电机中有牛顿第二定律可得，其机械方程为：

$$J\frac{d\omega}{dt} = T_m - T_e - T_d = T_m - T_e - D(\omega - \omega_0) \tag{7-13}$$

式中　T_m——虚拟同步发电机的机械转矩；

　　　T_e——虚拟同步发电机的电磁转矩；

　　　T_d——虚拟同步发电机的阻尼转矩。

而此文中利用有功功率给定值及对应的角频率可得出给定转矩来表示机械转矩。得到如下方程：

$$J \frac{\mathrm{d}\omega}{\mathrm{d}t} = T_{\text{set}} + D_{\text{p}}(\omega_{\text{n}} - \omega) - T_{\text{e}} \qquad (7-14)$$

式（7-14）中的转矩 T_{e} 是通过 VSG 主电路中的所采的电压及电流得出功率再除以角频率而得来：

$$T_{\text{e}} = \frac{P_{\text{e}}}{\omega} = (e_a i_a + e_b i_b + e_c i_c) / \omega \qquad (7-15)$$

根据传统同步发电机原理（可利用对机械转矩的调节来控制输出的功率），在虚拟同步发电机当中利用调节 T_{m} 来调节并网逆变器的有功输出。而 T_{m} 分为给定部分与频率偏差反馈部分其中给定部分：

$$T_0 = \frac{P_{\text{ref}}}{\omega} \qquad (7-16)$$

频率偏差反馈部分：

$$\Delta T = -D_{\text{p}}(\omega - \omega_0) \qquad (7-17)$$

式中　D_{p}——调频系数。

由此可到出结论：VSG 有功环模拟的是同步发电机的惯性和一次调频特性。可见，传统并网逆变器的 PQ 控制策略与虚拟同步发电机的有功调节有所不同，虚拟同步发电机既能并网功率跟踪，又能针对其接入点频率的偏差做出有功调节响应，从而对频率异常事件可以有效地提升并网逆变器应的效率。

7.1.2.2　无功功率调节部分

在同步发电机方面，可调节励磁从而来调节其无功功率输出及电压。由此可得，也可以通过调节虚拟同步发电机的虚拟电动势 E 来调节电压幅值和无功功率输出。

虚拟同步发电机的虚拟电动势 E 分为三个部分：

（1）在空载状态下虚拟同步发电机的电动势 E_0。

（2）对无功功率调节部分 ΔE_{Q}，其可表达为：

$$\Delta E_{\text{Q}} = k_{\text{q}}(Q_{\text{ref}} - Q) \qquad (7-18)$$

式中　k_{q}——无功调节系数。

（3）机端电压的调节输出部分 ΔE_{U} 等同于同步发电机的励磁调节部分，其可表达为：

$$\Delta E_{\text{U}} = k_{\text{U}}(U_{\text{ref}} - U) \qquad (7-19)$$

式中　k_U——电压调节系数。

综上三部分可得：

$$E = E_0 + \Delta E_Q + \Delta E_U \qquad (7-20)$$

由此可得出 VSG 无功环模拟了同步发电机的一次调压特性。

而在系统中，可根据同步发电机中的励磁控制器基本控制方程：

$$Q_e = Q_0 + D_q(U_0 - U) \qquad (7-21)$$

D_q 代表无功 – 电压下垂系数，等同于式（7–18）中的 k_q；Q_0、U_0 都代表给定值。

可得无功功率对应于电压幅值的关系可表示为：

$$Q_{set} + \sqrt{2}D_q(U_n - U_0) - Q_e = \sqrt{2}K\frac{dE}{dt} \qquad (7-22)$$

7.1.3　并联虚拟同步发电机等效模型

如图 7–3 所示为两台逆变器并联的简化示意图。其中 $U_1\angle\delta_1$，$U_2\angle\delta_2$ 是两节点空载输出电压，Z_1，Z_2 为两节点的输出阻抗与线路阻抗之和，$E\angle 0$ 是 PCC 端的电压，Z_{load} 是负荷。设 $Z_1\angle\theta_1 = R_1 + jX_1$，$Z_2\angle\theta_2 = R_2 + jX_2$。

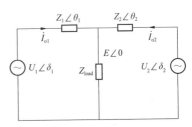

图 7–3　并联逆变器等效模型

式（7–23）中，I_{o1}、I_{o2} 分别表示节点逆变器 1 和 2 的逆变器出口电流，可分别计算得：

$$I_{o1} = \frac{U_1\angle\varphi_1 - E\angle 0}{Z_1\angle\theta_1}$$
$$\qquad (7-23)$$
$$I_{o2} = \frac{U_2\angle\varphi_2 - E\angle 0}{Z_2\angle\theta_2}$$

输出功率为：

$$S_n = I_n E_n\angle\varphi_n = P_n + jQ_n \qquad (7-24)$$

式（7–25）、式（7–26）中 P_n 是节点 n 的有功输出，Q_n 是节点 n 的无功输出，则：

$$P_n = \frac{1}{Z_n}[(E_n U\cos\varphi_n - U^2)\cos\theta + E_n U\sin\varphi_n\sin\theta_n] \qquad (7-25)$$

$$Q_n = \frac{1}{Z_n}[(E_n U \cos\varphi_n - U^2)\sin\theta_n - E_n U \sin\varphi_n \cos\theta_n] \qquad (7-26)$$

得到结论：若 $Z\angle\theta$ 为感性，则在稳态时，有功功率与相角有关，无功功率与电压有关，通过 $P-\omega$，$Q-E$ 关系可分别调节有功、无功输出；若 $Z\angle\theta$ 为阻感性，则在稳态时，有功无功之间存在耦合，需进行解耦控制。因此，必须通过虚拟阻抗对输出阻抗进行补偿，使虚拟同步发电机输出阻抗近似感性，同时减小多并联各虚拟同步发电机之间的输出阻抗差距，提高功率分配准确性，减小系统环流。

7.1.4　仿真结果分析

为验证虚拟同步发电机的控制算法正确性与多并联虚拟同步发电机控制策略的可行性，本文搭建了基于多虚拟同步发电机并联运行的多智能体微电网 Matlab/Simulink 仿真模型，分别对比了虚拟同步发电机参数变化带来的功率影响，以及虚拟同步发电机控制的并联运行验证。

实验 1 为单虚拟同步发电机带载运行，其控制系统参数见表 7-1。单个负载有功功率为 10kW，无功功率为 1kvar。

表 7-1　　　　　　　　　单虚拟同步发电机系统实验参数

系统参数	符号	数值
惯性系数	J	0.2
励磁系数	K	7
有功下垂系数	D_p	15
无功下垂系数	D_q	2000
电压环比例系数	K_{pu}	0.55
电压环积分系数	K_{iu}	350
电流环比例系数	K_{pi}	20

如图 7-4 所示，同样的系统运行状态下，当虚拟同步发电机惯性系数 J 增大时，系统有功功率由二阶欠阻尼逐渐变为过阻尼状态，且稳定速度逐渐变慢，但其振荡幅度减小，符合有功功率环设计方案。

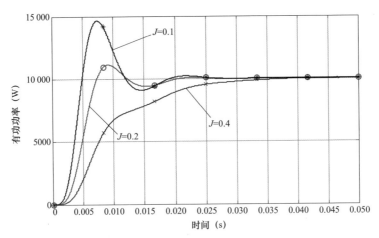

图7-4　虚拟同步发电机转动惯量 J 对有功功率 P_e 的影响

如图7-5所示，保证系统实验参数不变前提下，改变虚拟同步发电机励磁系数 K，可以看出无功功率振荡状态变化。当 K 增大时，系统由欠阻尼逐渐变为过阻尼状态，稳定速度减慢，动态性能减弱。

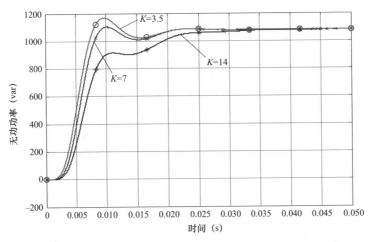

图7-5　虚拟同步发电机转动惯量 K 对有功功率 Q_e 的影响

实验1可以得出系统功率与虚拟同步发电机转动惯量、励磁系数的关系，探究了虚拟同步发电机功率环控制特性，验证其控制的可行性。

实验2为两虚拟同步发电机并联1:1功率分配实验，两台虚拟同步发电机参数见表7-2，负载有功功率为20kW，无功功率为0kvar。

表 7-2　　1:1 并联系统实验参数

系统参数	符号	数值
VSG1 惯性系数	J_1	0.2
VSG1 励磁系数	K_1	7
VSG1 有功下垂系数	D_{p1}	1500
VSG1 无功下垂系数	D_{q1}	2000
VSG2 惯性系数	J_2	0.2
VSG2 励磁系数	K_2	7
VSG2 有功下垂系数	D_{p2}	15
VSG2 无功下垂系数	D_{q2}	2000
电压环比例系数	K_{pu}	0.55
电压环积分系数	K_{iu}	350
电流环比例系数	K_{pi}	20

如图 7-6 所示为虚拟同步发电机 1:1 功率并联时的有功功率，如图 7-7 所示为并联系统无功功率。能够得出结论，在参数一样的条件下，虚拟同步发电机并联系统能够实现有功功率与无功功率 1:1 分配，共同为负荷供电出力，验证了虚拟同步发电机并联的可行性。

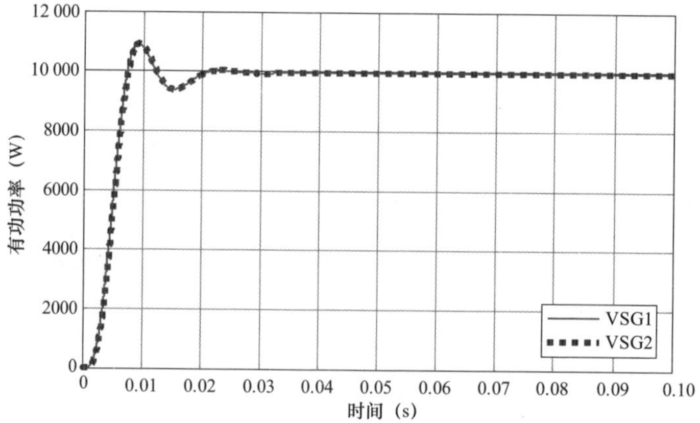

图 7-6　1:1 分配模式下有功功率 P_e 输出

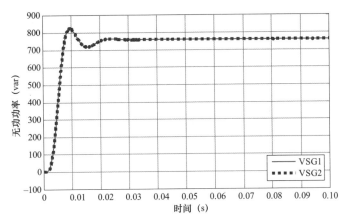

图 7-7　1:1 分配模式下无功功率 Q_e 输出

　　通过虚拟同步发电机并联 1:1 实验可以得到当两台参数相同的虚拟同步发电机并联时，并联系统的两台虚拟同步发电机能够同时为负载功能，有功功率均为 10kW，无功功率均为 750var，其有功功率与无功功率能够完成均分效果。

　　实验 3 为设计两台虚拟同步发电机功率分配为 1:2 的并联系统，其实验参数见表 7-3。

表 7-3　　　　　　　　　　　　2:1 并联系统实验参数

系统参数	符号	数值
VSG1 惯性系数	J_1	0.4
VSG1 励磁系数	K_1	14
VSG1 有功下垂系数	D_{p1}	3000
VSG1 无功下垂系数	D_{q1}	4000
VSG2 惯性系数	J_2	0.2
VSG2 励磁系数	K_2	7
VSG2 有功下垂系数	D_{p2}	15
VSG2 无功下垂系数	D_{q2}	2000
电压环比例系数	K_{pu}	0.55
电压环积分系数	K_{iu}	350
电流环比例系数	K_{pi}	20

　　如图 7-8、图 7-9 所示，VSG1 有功功率约为 13 200W，无功功率为 680var，

VSG2 有功功率约为 6600W，无功功率为 340var，可以看出两台虚拟同步发电机功率分配比例为 2:1。因此，虚拟同步发电机系统能够通过调节系统参数，实现功率按比例分配，能够得到与下垂控制类似的效果。

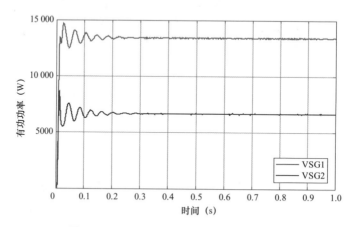

图 7-8　2:1 分配模式下有功功率 P_e 输出

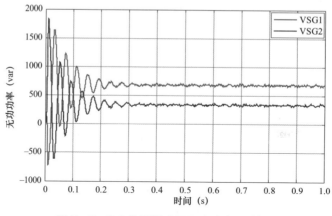

图 7-9　2:1 分配模式下无功功率 Q_e 输出

　　由上述实验可以得出以下结论：虚拟同步发电机能够根据输出功率进行反馈调节，能够自动进行调频调压，并且虚拟同步发电机转动惯量 J 与励磁系数 K 给控制算法提供了惯性支持，使得系统能够模拟同步发电机特性。并且在多并联的环境下，虚拟同步发电机能够通过调整控制参数，加入虚拟阻抗的形式完成功率按比例分配，能够实现即插即用且功率可调。

7.2　多并联虚拟同步发电机电能质量改善

7.2.1　电能质量问题汇总

针对供用电双方立场与角度的不同,"电能质量"包含着不同的含义。电能质量表现为电压、电流以及频率的偏差。广义而言,电能质量问题即为电能服务质量问题,与供电可靠性、供电质量和提供与前两项相应的信息三相内容。然而,多智能体微电网中节点种类多样且具有间歇性与波动型,使得系统表现为与传统电网不同的特性。主要表现为以下几项:

(1)谐波。多智能体微电网谐波问题主要来自两个方面。一方面是节点自身产生谐波,如可再生能源发电大量使用以电力电子元器件为接口的变流器以及多智能体微电网内存在非线性负荷。由于采用脉宽调制技术的电力电子器件接入电网,较低的开关频率以及死区作用都必将导致逆变器输出电压包含高次谐波。非线性负荷也是由于供电非线性开关给多智能体微电网系统带来谐波影响。另一方面,外部配电网传递而来的谐波将使多智能体微电网在公共耦合点处产生谐波影响,从而使多智能体微电网内部负荷供电产生影响,同时还可能使逆变器产生损坏。

(2)三相不平衡。三相不平衡问题的产生包含多种因素。一方面,家用电器、计算机、照明设备、加热器、电气化铁路、焊机等都属于单相负荷,多智能体微电网系统若包含过多单相负载则会导致不平衡产生。并且如三相电动机、发电机和变流器等三相电器的故障也将导致不平衡。另一方面,配电网的相间故障与接地故障也将导致并网多智能体微电网的不平衡。电压三相不平衡将产生较大的负序与零序电流,影响正常负荷的工作,严重环境下还将导致整个多智能体微电网系统崩溃。

(3)电压波动。多智能体微电网中电压波动问题始于负载的不稳定性,由于电力系统的潮流关系,多智能体微电网系统中微电源的有功功率与无功功率输出变化将会导致多智能体微电网电压波动。同时,当负载变化时,由于线路阻抗等因素影响,也会使多智能体微电网供电端电压产生波动。在并网多智能体微电网中,由于一般大电网功率等级远高于多智能体微电网功率,由电力系统潮流计算可知,多智能体微电网内部电源作用效果不能够动摇大电网,因此可认为大电网作为电压支撑,使得电压波动较小,但当多智能体微电网容量足够大时,也会向大电网输送波动。

（4）频率偏差。由于虚拟同步发电机控制策略具有下垂系数，模拟了传统发电机特性，但其输出功率比较小，当负载发生变化时，电网频率波动会较大，使得多智能体微电网系统频率出现固定偏差。当负载变化较大，系统频率容易超出系统允许范围，即会出现电压崩溃失稳的现象。

7.2.2 电能质量问题抑制机理

分析电能质量问题需要将其转化为系统模型问题，各类电能质量问题均可等效为扰动输入到多智能体微电网系统当中，因此多智能体微电网模型的准确性成为电能质量问题的关键。

在多智能体微电网离网条件下，多智能体微电网逆变器以电压源形式作为多智能体微电网电压支撑，而输出电流相对于多智能体微电网系统则作为扰动形式存在，根据负载类型不同而表现不同的扰动形式，如图7-10所示。

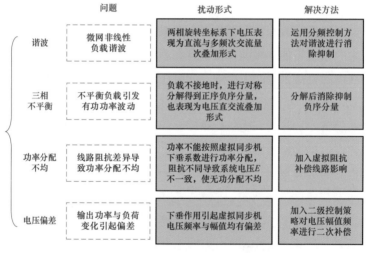

图7-10 电能质量问题及其抑制方法

根据瞬时无功功率理论，在旋转坐标系下，电压谐波表现为直流量与不同频次交流量叠加的形式存在，电压三相不平衡则表现为负序电压不为零的状态。针对不同形式的电压质量问题对多智能体微电网公共耦合点进行谐波不平衡控制，能够提高多智能体微电网负载端电压质量。

以5次电压为例，则系统5次谐波电压为：

156

$$\begin{cases} u_{\mathrm{a}5} = U_5 \sin 5\omega t \\ u_{\mathrm{b}5} = U_5 \sin\left(5\omega t - 5 \times \dfrac{2\pi}{3}\right) = U_5 \sin\left(5\omega t + 5 \times \dfrac{2\pi}{3}\right) \\ u_{\mathrm{c}5} = U_5 \sin\left(5\omega t + 5 \times \dfrac{2\pi}{3}\right) = U_5 \sin\left(5\omega t - 5 \times \dfrac{2\pi}{3}\right) \end{cases} \tag{7-27}$$

5 次谐波相对基波表现为负序形式，对式（7-27）进行负序变换，得到式（7-28）

$$\begin{bmatrix} u_{\mathrm{d5N}} \\ u_{\mathrm{q5N}} \\ u_{\mathrm{05N}} \end{bmatrix} = \frac{2}{3} \begin{bmatrix} -\cos 5\omega t & -\cos\left(5\omega t + \dfrac{2\pi}{3}\right) & -\cos\left(5\omega t - \dfrac{2\pi}{3}\right) \\ \sin 5\omega t & \sin\left(5\omega t + \dfrac{2\pi}{3}\right) & \sin\left(5\omega t - \dfrac{2\pi}{3}\right) \\ 1/\sqrt{2} & 1/\sqrt{2} & 1/\sqrt{2} \end{bmatrix} \cdot \begin{bmatrix} U_{\mathrm{s}} \sin 5\omega t \\ U_{\mathrm{s}} \sin\left(5\omega t + \dfrac{2\pi}{3}\right) \\ U_{\mathrm{s}} \sin\left(5\omega t - \dfrac{2\pi}{3}\right) \end{bmatrix}$$

$$\tag{7-28}$$

由此可知，令给定值 $U_5 = 0$ 即可达到抑制 5 次谐波的目的，同理，更高次谐波也可通过该方法进行推导，从而获取电压给定值。

在电压不平衡条件下，对负序电压进行公式推导能够得到负序电压给定值，其推导过程如式（7-29）所示。

$$\begin{bmatrix} u_{\mathrm{dLN}} \\ u_{\mathrm{qLN}} \\ u_{\mathrm{0LN}} \end{bmatrix} = \frac{2}{3} \begin{bmatrix} -\cos \omega t & -\cos\left(\omega t + \dfrac{2\pi}{3}\right) & -\cos\left(\omega t - \dfrac{2\pi}{3}\right) \\ \sin \omega t & \sin\left(\omega t + \dfrac{2\pi}{3}\right) & \sin\left(\omega t - \dfrac{2\pi}{3}\right) \\ 1/\sqrt{2} & 1/\sqrt{2} & 1/\sqrt{2} \end{bmatrix} \cdot$$

$$\tag{7-29}$$

$$\begin{bmatrix} U_{\mathrm{s}} \sin \omega t \\ U_{\mathrm{s}} \sin\left(\omega t + \dfrac{2\pi}{3}\right) \\ U_{\mathrm{s}} \sin\left(\omega t - \dfrac{2\pi}{3}\right) \end{bmatrix} = \begin{bmatrix} -U_1 \sin 2\omega t \\ U_1 \cos 2\omega t \\ 0 \end{bmatrix}$$

可以看出，负序电压将为 2 倍基频分量，只需将负序电压控制为 0，即可实现对电压不平衡的抑制。

由于虚拟同步发电机功率环控制具有下垂特性，当负载变动、节点调功等因素导致功率变化时，系统电压幅值与频率极易产生偏差，因此，虚拟同步发电机下垂系数的设计需要权衡设计。当功率变化较大时，虚拟同步发电机下垂的一次调频控制难以支撑系统电压幅值、频率时，需要加入模拟发电厂二次调频的控制，用以稳定系统支撑电压。

7.2.3 并联虚拟同步发电机电能质量改善控制策略

如图 7-11 所示，并联虚拟同步发电机电能质量改善控制部分由二级控制、虚拟阻抗、谐波不平衡抑制环三部分组成。其中，P_{set}、Q_{set} 为系统额定有功功率与额定无功功率；P_e、Q_e 为虚拟同步发电机电磁有功功率与无功功率，通过虚拟同步发电机出口电压电流计算得出；J、K、D_p、D_q 为虚拟同步发电机参数，分别为转动惯量、励磁系数、有功功率下垂系数与无功功率下垂系数，该部分与本文

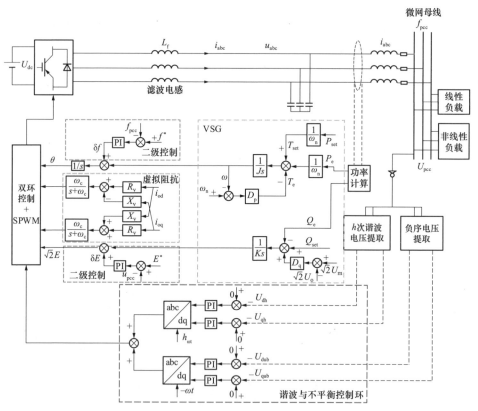

图 7-11 虚拟同步发电机电能质量改善控制结构

第 2 章单虚拟同步发电机控制参数相同。f_{pcc}、E_{pcc} 为系统公共耦合点频率与电压幅值，f^*、E^* 为系统给定频率与电压幅值。R_v、X_v 为虚拟电阻与虚拟电抗。U_{dh}、U_{qh} 为系统 h 次谐波电压值，U_{dub}、U_{qub} 为系统经过负序变换得到的负序电压值。

7.2.3.1　二级控制策略

VSG 控制架构在本文第 2 章已有深入讲解，二级控制作为改进 VSG 电压频率控制的方法加入到电能质量改善方法之中。

二级控制根据采集的各节点输出频率 f_{pcc} 和输出电压 E_{pcc}，通过通信线传输至各节点的本地控制器后，频率参考值 f^* 与实际输出电压给定值 E^* 相减经过 PI 调节器后，将指令信号叠加到二级电压控制信号上，将这些偏差值反馈到虚拟同步发电机控制策略中，进而使分布式电源的频率和电压幅值将达到一个稳定值。

$$\begin{cases} \delta f_i = \left(k_{pF} + \dfrac{k_{iF}}{s} \right)(f^* - f) \\ \delta U_i = \left(k_{pE} + \dfrac{k_{iE}}{s} \right)(U^* - U) \end{cases} \tag{7-30}$$

二级控制策略的主要目标是消除多智能体微电网中的电压波动与频率偏差等问题，通过模拟电力系统发电机二次调频来弥补一次调频带来的电压偏差。在多虚拟同步发电机并联环境下，通过合理设计虚拟同步发电机 J、K、D_p、D_q 等参数，使得二级控制产生统一的补偿值，通过低频通信线对各个虚拟同步发电机逆变器进行统一补偿，这样不仅能够使得系统频率、电压幅值能够满足系统需求，同时还能保证不干扰各节点间功率分配。二级控制策略结构如图 7-12 所示。

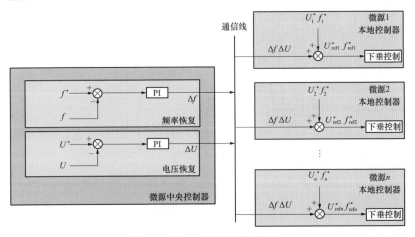

图 7-12　二级控制策略结构

7.2.3.2 虚拟阻抗控制

在低压线路下，由于线路呈阻感性，各节点容量不一致时无法使负荷按容量均分，因此设计虚拟阻抗来解决线路阻感性引发的有功无功解耦控制的问题，以及各节点容量不一致时要达到负荷按容量均分等问题，减少节点间的环流问题。通过增加虚拟控制环节，模拟串联虚拟阻抗，来调节逆变器的等效输出阻抗。其控制如图 7－13 所示。

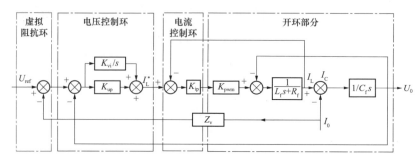

图 7－13 含虚拟阻抗逆变器控制框图

逆变器虚拟阻抗传递函数表达式为：

$$U_0(s) = G(s)U_{ref}(s) - [G(s)Z_v(s) + Z_{eq}(s)]I_0(s) \qquad (7-31)$$

合理设定参数，让电压比例增益 $G(s)$ 的绝对值为 1，同时 Z_{eq} 非常小，逆变器虚拟阻抗即为输出阻抗，公式如下：

$$Z_v = R_v + jX \qquad (7-32)$$

在 dq 旋转坐标系中，虚拟阻抗的数学模型为：

$$\begin{cases} U_{dref} = U_d^* - R_v I_{od} + \omega L_v I_{oq} \\ U_{qref} = U_q^* - R_v I_{oq} + \omega L_v I_{od} \end{cases} \qquad (7-33)$$

式中　R_v——虚拟电阻；

　　　L_v——虚拟电抗；

　　　ω——dq 旋转坐标系的旋转角频率。根据输出电流的 dq 分量即可求出虚
　　　　　拟电感压降。

加入虚拟阻抗能够调节系统等效阻抗。逆变器功率特性如图 7－14 所示。其中，Z_{net} 为系统线路阻抗，Z_v 为线路阻抗角，虚拟同步发电机输出电压为 $U_0 \angle \delta$，母线电压为 $U_{ref} \angle 0$。

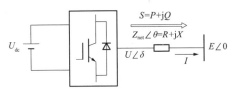

图 7-14　功率传输等效模型

由功率计算公式，可分别求出传输功率为：

$$P = \frac{E}{R^2 + X^2}[R(U\cos\delta - E) + XU\sin\delta]$$
$$Q = \frac{E}{R^2 + X^2}[-RU\sin\delta + X(U\cos\delta - E)]$$

（7-34）

可以看出当系统呈感性时，$\theta = 90°$，能够对功率进行解耦，可以等效为：

$$P = \frac{EU}{X}\delta$$
$$Q = \frac{E}{X}(U - E)$$

（7-35）

因此，由于多智能体微电网属于中低压系统，其线路呈阻感性，故使得功率耦合将对控制产生较大影响。加入虚拟阻抗，能够加大系统线路感性，使得系统功率解耦充分，控制效果更佳完善。并且加入虚拟阻抗能够合理调节各节点电压幅值，用以改善无功功率潮流，从而平衡系统无功出力，并能够减小节点间环流。

7.2.3.3　谐波与不平衡抑制

运用谐波与不平衡产生机理，加入谐波不平衡控制环。采用低通滤波方法提取分频次数谐波，能够针对单次谐波进行单独抑制，由于系统负载采用不接地连接，故不会产生系统 $3k$ 次谐波，不存在零序分量，故采用该提取方法能够对包含非线性、不平衡的混合负载实现谐波、不平衡抑制。

7.2.4　仿真与实验分析

为了验证多虚拟同步发电机并联下的谐波不平衡抑制控制策略，采用 RTLAB 半实物仿真系统验证策略可行性。实验采用两虚拟同步发电机进行并联，两条固定阻抗负载以及一条不平衡非线性负载。两台虚拟同步发电机有功额定功率 $P_{ref} = 30\text{kW}$，无功额定功率 $Q_{ref} = 0\text{kvar}$，线性负载有功功率为 10kW，无功功率为 0kvar，非线性负载有功功率为 20kW，无功功率为 0kvar。

工况 1 为传统两台传统虚拟同步发电机并联系统，即不包含谐波和不平衡抑制环以及二级控制策略，控制策略采用虚拟阻抗补偿的方式进行线路阻抗补偿，使得系统有功功率与无功功率达到均分。

工况 2 为加入谐波、不平衡抑制的虚拟同步发电机并联系统，通过谐波和不平衡环路消除不平衡非线性负载产生的 PCC 点电压畸变。

工况 3 在工况 2 基础上加入二级控制策略，即包含谐波、不平衡抑制与二级控制策略的虚拟同步发电机并联系统，用以消除负载加减对 PCC 点电压频率的波动。实验中参数见表 7-4。

表 7-4 系 统 实 验 参 数

系统参数	符号	数值
滤波电感	L_f	0.6×10^{-3}H
滤波寄生电阻	R_f	$1 \times 10^{-2}\Omega$
滤波电容	C_f	0
直流母线电压	U_{dc}	700V
线路电阻	L_{line}	2.8×10^{-3}H
线路电感	R_{line}	$4.28 \times 10^{-2}\Omega$
VSG1 虚拟电阻	R_{v1}	0Ω
VSG2 虚拟电阻	R_{v2}	0Ω
VSG1 虚拟电抗	L_{v1}	0.01H
VSG2 虚拟电抗	L_{v2}	0.01H
VSG 额定频率	f^*	50Hz
VSG 额定电压	E^*	311V
VSG 惯性系数	J	0.2
VSG 励磁系数	K	7
有功下垂系数	m_p	15
无功下垂系数	n_q	2000
电压环控制比例系数	K_{up}	10
电压环控制积分系数	K_{ui}	100
电流环控制比例系数	K_{ip}	5
谐波抑制环比例系数	K_{hup}	10

续表

系统参数	符号	数值
谐波抑制环积分系数	K_{hui}	50
不平衡抑制环比例系数	K_{hup}	3
不平衡抑制环积分系数	K_{hui}	2

如图 7-15 所示，不包含谐波不平衡抑制环路的系统 PCC 电压不平衡度在实验运行开始很快达到 6.21%，且一直维持稳定，说明在系统带不平衡负载时系统将产生较大的电压不平衡。而加入不平衡抑制环路的并联系统将在系统 5s 左右将系统不平衡度降到 0.1% 以下，完全满足国家标准。在工况 3 加入二级控制策略时，电压不平衡度波动没有太大影响，仍然能够达到稳定，不平衡度接近为 0，说明二级控制策略并不会对不平衡抑制环路产生影响。

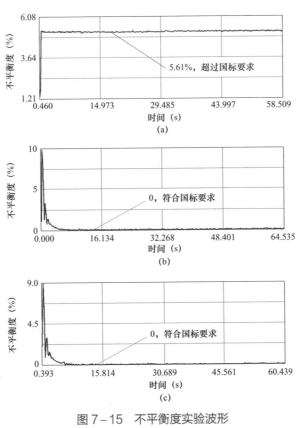

图 7-15　不平衡度实验波形
（a）工况 1；（b）工况 2；（c）工况 3

如图 7-16 所示，在传统虚拟同步发电机并联系统中，由于非线性负载作用，系统产生不同频次的谐波，其幅值随频率增大而逐渐减小。加入 5、7 次谐波抑制环后，可以看出，对应幅值明显减小，能够达到分频控制目标。且在工况 3 加入二级控制策略之后，与工况 2 效果对比谐波幅值没有改变。

如图 7-17 所示，在系统负载投切时，会产生频率波动。在未加入二级控制策略的工况 1、2 中，在 10～30s 时，系统加入 5kW 有功功率负载时，由于虚拟同步发电机具有下垂作用，系统频率有明显下降。工况 3 显示加入二级控制策略后，二级控制策略约在 6s 处稳定，可以看出在 10s 及 30s 处波动减小，且能稳定在额定频率 50Hz 处。

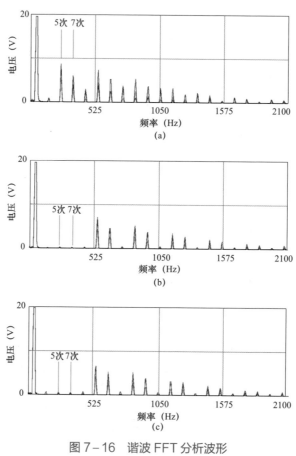

图 7-16　谐波 FFT 分析波形

（a）工况 1；（b）工况 2；（c）工况 3

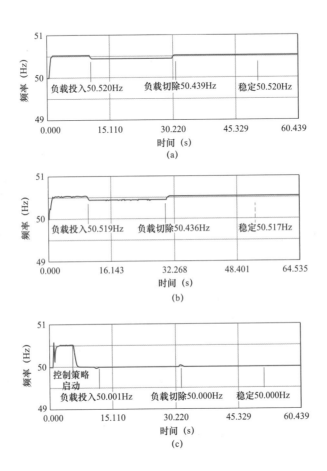

图 7-17　系统频率实验波形

（a）工况 1；（b）工况 2；（c）工况 3

　　如图 7-18 所示，与系统频率控制类似，在系统功率波动时，系统电压幅值也将产生不同程度的波动，且根据虚拟同步发电机下垂作用，系统功率变化较大时，电压幅值也将产生较大偏差。工况 3 中，通过加入二级控制策略，能够将 PCC电压有效值稳定在额定 220V，达到负载供电需求，增强系统稳定性电压控制效果显著。

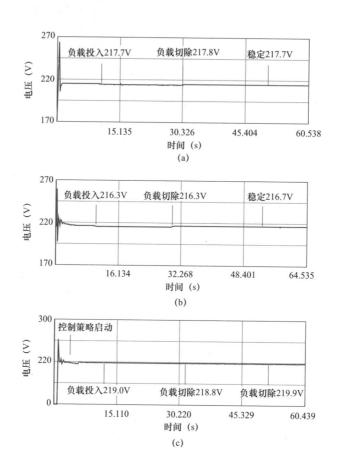

图 7-18 系统 PCC 电压有效值实验波形
(a) 工况 1；(b) 工况 2；(c) 工况 3

如图 7-19 所示，由于工况 2 只加入了谐波、不平衡控制，而工况 3 与工况 2 不平衡度、FFT、频率、PCC 电压有效值等性能方面进行了比较，其结果显示工况 3 中加入二级控制的谐波不平衡抑制多虚拟同步发电机并联控制，比工况 2 的频率和电压有效值有更好的控制优势；而在不平衡和 FFT 方面效果一致。所以在此直接比较工况 1 和工况 3 的三相电压谐波不平衡实验波形，其结果显示电压谐波、不平衡较工况 1 有明显消除。充分说明了本文提出的控制方法在谐波和不平衡抑制方面具有显著的控制效果。

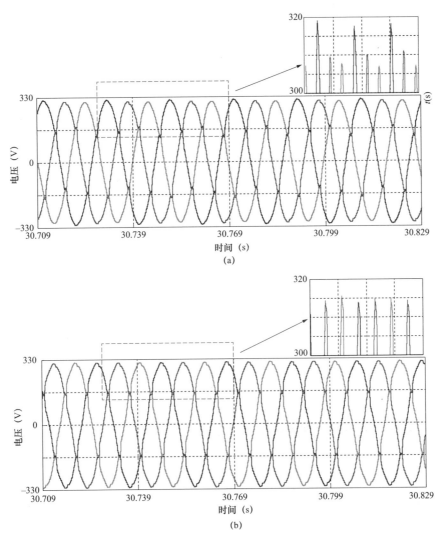

图 7-19　三相电压谐波不平衡实验波形

（a）工况 1；（b）工况 3

7.3　多并联虚拟同步发电机控制稳定性分析

特征值分析法由于能够提供大量的系统动态特性和稳态性能相关的重要信息，而且可以结合经典控制理论对小信号状态空间模型进行理论分析，也可以通过暂态仿真进一步验证所设计控制系统在大扰动情况下应用于非线性模型的有效性，因此可以作为多智能体微电网动态稳定性分析的有效手段。

多并联虚拟同步发电机构成的多智能体微电网系统可以用 n 个一阶非线性常微分代数方程表示：

$$\dot{x} = f(x, u) \qquad (7-36)$$

式中　x——系统状态向量；

　　　u——系统输入向量。

由于负载或供电状态发生变化将会对系统产生相应的扰动，上式非线性方程能够在稳定运行点处进行线性化，得出近似线性状态方程。

$$\Delta\dot{x} = A\Delta x + B\Delta u \qquad (7-37)$$

根据现代控制理论可知，线性系统的稳定性取决于其状态矩阵 A 的特征值。由李亚普诺夫第一法可知：如果式（7-37）中系统至少有一个特征值具有正实部时，则系统不稳定；如果系统状态矩阵 A 的所有特征值均有负实部时，则系统渐近稳定；如果系统至少有一个特征值的实部为零，而其他特征值均有负实部时为临界状态，电力系统不允许运行在临界状态，因此此种情况也认为系统不稳定。

7.3.1　虚拟同步发电机模型

7.3.1.1　虚拟同步发电机功率环小信号建模

根据虚拟同步发电机控制基本原理可知：有功环模拟同步发电机转子的机械方程特性，其输出作为逆变器调制波的频率；无功环模拟同步发电机励磁方程特性，其输出作为逆变器调制波的幅值。

$$\begin{cases} J\dfrac{\mathrm{d}\omega}{\mathrm{d}t} = T_{\text{set}} + D_{\text{p}}(\omega_{\text{n}} - \omega) - T_{\text{e}} \\[2mm] T_{\text{set}} = \dfrac{P_{\text{set}}}{\omega_{\text{n}}}; \quad T_{\text{e}} = \dfrac{P_{\text{e}}}{\omega_{\text{n}}} \\[2mm] Q_{\text{set}} + \sqrt{2}D_{\text{q}}(U_{\text{n}} - U_0) - Q_{\text{e}} = \sqrt{2}K\dfrac{\mathrm{d}E}{\mathrm{d}t} \end{cases} \qquad (7-38)$$

式中　P_{set}——有功功率给定；

　　　Q_{set}——无功功率给定；

　　　P_{e}——实际的有功功率；

Q_e——实际无功功率；

T_{set}——转矩给定；

T_e——电磁转矩；

U_0——输出电压有效值；

U_n——额定电压有效值；

J——转动惯量；

K——励磁系数；

D_p——有功下垂系数；

D_q——无功下垂系数；

ω——VSG 角频率；

ω_n——额定角频率。

为完成基于虚拟同步发电机并联的多智能体微电网模型，定义 ω_{com} 为公共参考坐标系，令 ω 为各节点与公共坐标系之间的角度，则有：

$$\theta = \int(\omega - \omega_{com})\mathrm{d}t \qquad (7-39)$$

选取状态变量并对模型进行线性化并重新整理，采用状态空间表达式对小信号模型进行表示，得虚拟同步发电机功率环模型如下：

$$\begin{bmatrix} \Delta\dot\theta \\ \Delta\omega \\ \Delta E \end{bmatrix} = A_p \begin{bmatrix} \Delta\theta \\ \Delta\omega \\ \Delta E \end{bmatrix} + B_p \begin{bmatrix} \Delta i_{ldq} \\ \Delta u_{odq} \\ \Delta i_{odq} \end{bmatrix} + B_{p\omega}\Delta\omega_{com}$$

$$\begin{bmatrix} \Delta\omega \\ \Delta u_{ondq} \end{bmatrix} = \begin{bmatrix} C_{p\omega} \\ C_{pu} \end{bmatrix} \begin{bmatrix} \Delta\theta \\ \Delta\omega \\ \Delta E \end{bmatrix} \qquad (7-40)$$

其中：

$$A_p = \begin{bmatrix} 0 & 1 & 0 \\ 0 & -\dfrac{D_p}{J} & 0 \\ 0 & 0 & -\dfrac{D_p}{K} \end{bmatrix}; \quad B_{p\omega} = \begin{bmatrix} -1 \\ 0 \\ 0 \end{bmatrix};$$

$$B_p = \begin{bmatrix} 0 & 0 & 0 & 0 & 0 & 0 \\ 0 & 0 & -\dfrac{I_{od}}{J\omega_n} & -\dfrac{I_{oq}}{J\omega_n} & -\dfrac{U_{od}}{J\omega_n} & -\dfrac{U_{oq}}{J\omega_n} \\ 0 & 0 & \dfrac{I_{oq}}{K} & -\dfrac{I_{od}}{K} & -\dfrac{U_{oq}}{K} & \dfrac{U_{od}}{K} \end{bmatrix}$$

$$C_{p\omega} = \begin{bmatrix} 0 & 1 & 0 \end{bmatrix}; \quad C_{pu} = \begin{bmatrix} 0 & 0 & \dfrac{\sqrt{2}}{2} \\ 0 & 0 & 0 \end{bmatrix}$$

式中　i_{ldq}——虚拟同步发电机电感电流；

$\quad\quad u_{odq}$——虚拟同步发电机输出电压；

$\quad\quad i_{odq}$——虚拟同步发电机输出电流。

7.3.1.2　虚拟阻抗建模

为了解决线路阻抗导致的相移以及多节点并联产生的功率均衡问题，采用加入虚拟阻抗控制的方法保证系统线路呈感性下垂关系。令虚拟同步发电机功率环输出电压为 u_{ondq}，则虚拟阻抗 s 域的控制表达式为：

$$\begin{cases} u_{od}^* = u_{ond} + \dfrac{\omega_c}{s+\omega_c}(i_{od} \cdot R_v - i_{oq} \cdot X_v) \\ u_{oq}^* = u_{onq} + \dfrac{\omega_c}{s+\omega_c}(i_{od} \cdot X_v + i_{oq} \cdot R_v) \end{cases} \quad\quad (7-41)$$

式中　u_{od}^*、u_{oq}^*——虚拟阻抗输出电压；

$\quad\quad u_{ond}$、u_{onq}——虚拟阻抗输入电压；

$\quad\quad\quad \omega_c$——一阶惯性截止频率；

$\quad\quad i_{od}$、i_{oq}——系统输出电流；

$\quad\quad X_v$、R_v——分别为虚拟电抗与虚拟电阻。

将式（7-41）进行线性化，取中间变量 X_d、X_q，即：

$$\begin{cases} X_d = u_{od}^* - u_{odn} \\ X_q = u_{oq}^* - u_{oqn} \end{cases} \quad\quad (7-42)$$

结合式（7-40）、式（7-41），并对其进行线性化整理，得到虚拟阻抗小信号模型状态空间表达式，即：

$$\begin{bmatrix} \Delta \dot{X}_{\mathrm{d}} \\ \Delta \dot{X}_{\mathrm{q}} \end{bmatrix} = A_{\mathrm{v}} \begin{bmatrix} \Delta X_{\mathrm{d}} \\ \Delta X_{\mathrm{q}} \end{bmatrix} + B_{\mathrm{v}} \begin{bmatrix} \Delta i_{\mathrm{od}} \\ \Delta i_{\mathrm{oq}} \end{bmatrix}$$

$$\begin{bmatrix} \Delta u_{\mathrm{od}}^{*} \\ \Delta u_{\mathrm{oq}}^{*} \end{bmatrix} = C_{\mathrm{v}} \begin{bmatrix} \Delta X_{\mathrm{d}} \\ \Delta X_{\mathrm{q}} \end{bmatrix} + D_{\mathrm{v}} \begin{bmatrix} \Delta i_{\mathrm{od}} \\ \Delta i_{\mathrm{oq}} \end{bmatrix}$$

$(7-43)$

其中：

$$A_{\mathrm{v}} = \begin{bmatrix} -\omega_{\mathrm{c}} & 0 \\ 0 & -\omega_{\mathrm{c}} \end{bmatrix}; \quad B_{\mathrm{v}} = \begin{bmatrix} \omega_{\mathrm{c}} R_{\mathrm{v}} & -\omega_{\mathrm{c}} X_{\mathrm{v}} \\ \omega_{\mathrm{c}} X_{\mathrm{v}} & \omega_{\mathrm{c}} R_{\mathrm{v}} \end{bmatrix};$$

$$C_{\mathrm{v}} = \begin{bmatrix} 1 & 0 \\ 0 & 1 \end{bmatrix}; \quad D_{\mathrm{v}} = \begin{bmatrix} 1 & 0 \\ 0 & 1 \end{bmatrix}$$

根据所得结论可知，通过分析式（7-43）得到虚拟阻抗 X_{v} 与 R_{v} 对系统虚拟阻抗性能的影响，同时能够对整个多智能体微电网系统进行功率均分效果进行观测分析。

7.3.1.3 电压环、电流环建模

系统电压环控制采用标准 PI 控制器，为简化电压外环控制环节的分析，取状态变量 ϕ_{d}、ϕ_{q}，令：

$$\frac{\mathrm{d}\phi_{\mathrm{d}}}{\mathrm{d}t} = u_{\mathrm{od}}^{*} - u_{\mathrm{od}}, \frac{\mathrm{d}\phi_{\mathrm{q}}}{\mathrm{d}t} = u_{\mathrm{oq}}^{*} - u_{\mathrm{oq}} \qquad (7-44)$$

电压外环控制环节的数学表达式可以用式（7-10）来表示：

$$i_{\mathrm{ld}}^{*} = i_{\mathrm{od}} - \omega_{\mathrm{n}} C_{\mathrm{f}} v_{\mathrm{oq}} + K_{\mathrm{pu}}(v_{\mathrm{od}}^{*} - v_{\mathrm{od}}) + K_{\mathrm{iu}}\phi_{\mathrm{d}}$$

$$i_{\mathrm{lq}}^{*} = i_{\mathrm{oq}} - \omega_{\mathrm{n}} C_{\mathrm{f}} v_{\mathrm{od}} + K_{\mathrm{pu}}(v_{\mathrm{oq}}^{*} - v_{\mathrm{oq}}) + K_{\mathrm{iu}}\phi_{\mathrm{q}}$$

$(7-45)$

并进行线性化整理，可得电压外环控制环节的小信号状态空间模型：

$$[\Delta \dot{\phi}_{\mathrm{dq}}] = [0][\Delta \phi_{\mathrm{dq}}] + B_{\mathrm{u1}}[\Delta u_{\mathrm{odq}}^{*}] + B_{\mathrm{u2}} \begin{bmatrix} \Delta i_{\mathrm{ldq}} \\ \Delta u_{\mathrm{odq}} \\ \Delta i_{\mathrm{odq}} \end{bmatrix}$$

$$[\Delta i_{\mathrm{ldq}}^{*}] = C_{\mathrm{u}}[\Delta \phi_{\mathrm{dq}}] + D_{\mathrm{u1}}[\Delta u_{\mathrm{odq}}^{*}] + D_{\mathrm{u2}} \begin{bmatrix} \Delta i_{\mathrm{ldq}} \\ \Delta u_{\mathrm{odq}} \\ \Delta i_{\mathrm{odq}} \end{bmatrix}$$

$(7-46)$

其中系数矩阵分别为：

$$\boldsymbol{B}_{\mathrm{u1}} = \begin{bmatrix} 1 & 0 \\ 0 & 1 \end{bmatrix}, \boldsymbol{B}_{\mathrm{u2}} = \begin{bmatrix} 0 & 0 & -1 & 0 & 0 & 0 \\ 0 & 0 & 0 & -1 & 0 & 0 \end{bmatrix}$$

$$\boldsymbol{C}_{\mathrm{u}} = \begin{bmatrix} K_{\mathrm{iu}} & 0 \\ 0 & K_{\mathrm{iu}} \end{bmatrix}, \boldsymbol{D}_{\mathrm{u1}} = \begin{bmatrix} K_{\mathrm{pu}} & 0 \\ 0 & K_{\mathrm{pu}} \end{bmatrix}$$

$$\boldsymbol{D}_{\mathrm{u2}} = \begin{bmatrix} 0 & 0 & -K_{\mathrm{pu}} & -\omega_{\mathrm{n}} C_{\mathrm{f}} & 1 & 0 \\ 0 & 0 & \omega_{\mathrm{n}} C_{\mathrm{f}} & -K_{\mathrm{pu}} & 0 & 1 \end{bmatrix}$$

同理可得，对电流控制环选取状态变量 γ_{d}、γ_{q} 有：

$$\frac{\mathrm{d}\gamma_{\mathrm{d}}}{\mathrm{d}t} = i_{\mathrm{ld}}^* - i_{\mathrm{ld}}, \frac{\mathrm{d}\gamma_{\mathrm{q}}}{\mathrm{d}t} = i_{\mathrm{lq}}^* - i_{\mathrm{lq}} \tag{7-47}$$

电流内环控制环节的数学表达式可以用式（7-13）来表示：

$$u_{\mathrm{id}}^* = -\omega_{\mathrm{n}} L_{\mathrm{f}} i_{\mathrm{lq}} + K_{\mathrm{pc}}(i_{\mathrm{ld}}^* - i_{\mathrm{ld}}) + K_{\mathrm{ic}} \gamma_{\mathrm{d}}$$
$$u_{\mathrm{iq}}^* = \omega_{\mathrm{n}} L_{\mathrm{f}} i_{\mathrm{ld}} + K_{\mathrm{pc}}(i_{\mathrm{lq}}^* - i_{\mathrm{lq}}) + K_{\mathrm{ic}} \gamma_{\mathrm{q}} \tag{7-48}$$

并进行线性化整理，可得电流内环控制环节的小信号状态空间模型：

$$[\Delta\dot{\gamma}_{\mathrm{dq}}] = [0][\Delta\gamma_{\mathrm{dq}}] + \boldsymbol{B}_{\mathrm{c1}}[\Delta i_{\mathrm{ldq}}^*] + \boldsymbol{B}_{\mathrm{c2}} \begin{bmatrix} \Delta i_{\mathrm{ldq}} \\ \Delta u_{\mathrm{odq}} \\ \Delta i_{\mathrm{odq}} \end{bmatrix}$$

$$[\Delta u_{\mathrm{idq}}^*] = \boldsymbol{C}_{\mathrm{c}}[\Delta\gamma_{\mathrm{dq}}] + \boldsymbol{D}_{\mathrm{c1}}[\Delta u_{\mathrm{ldq}}^*] + \boldsymbol{D}_{\mathrm{c2}} \begin{bmatrix} \Delta i_{\mathrm{ldq}} \\ \Delta u_{\mathrm{odq}} \\ \Delta i_{\mathrm{odq}} \end{bmatrix} \tag{7-49}$$

式（7-49）中系数矩阵如下所示：

$$\boldsymbol{B}_{\mathrm{c1}} = \begin{bmatrix} 1 & 0 \\ 0 & 1 \end{bmatrix}, \boldsymbol{B}_{\mathrm{c2}} = \begin{bmatrix} -1 & 0 & 0 & 0 & 0 & 0 \\ 0 & -1 & 0 & 0 & 0 & 0 \end{bmatrix}$$

$$\boldsymbol{C}_{\mathrm{c}} = \begin{bmatrix} K_{\mathrm{ic}} & 0 \\ 0 & K_{\mathrm{ic}} \end{bmatrix}, \boldsymbol{D}_{\mathrm{c1}} = \begin{bmatrix} K_{\mathrm{pc}} & 0 \\ 0 & K_{\mathrm{pc}} \end{bmatrix}$$

$$\boldsymbol{D}_{\mathrm{c2}} = \begin{bmatrix} -K_{\mathrm{pc}} & -\omega_{\mathrm{n}} C_{\mathrm{f}} & 0 & 0 & 0 & 0 \\ \omega_{\mathrm{n}} C_{\mathrm{f}} & -K_{\mathrm{pc}} & 0 & 0 & 0 & 0 \end{bmatrix}$$

式中 K_{pu}、K_{iu}——分别为电压环 PI 控制器的比例系数和积分系数；

K_{pc}、K_{ic}——分别为电流环 PI 控制器的比例系数和积分系数；

C_f——滤波电容；

L_f——滤波电感。

7.3.1.4　LC 滤波器建模

根据 LC 滤波器及相应的耦合关系，可列写出电路微分方程式：

$$\frac{di_{ld}}{dt} = \frac{-r_f}{L_f}i_{ld} + \omega i_{lq} + \frac{1}{L_f}u_{id} - \frac{1}{L_f}u_{od}$$

$$\frac{di_{lq}}{dt} = \frac{-r_f}{L_f}i_{lq} + \omega i_{ld} + \frac{1}{L_f}u_{iq} - \frac{1}{L_f}u_{oq}$$

$$\frac{du_{od}}{dt} = \omega u_{oq} + \frac{1}{C_f}i_{ld} - \frac{1}{C_f}i_{od}$$

$$\frac{du_{oq}}{dt} = -\omega u_{od} + \frac{1}{C_f}i_{lq} - \frac{1}{C_f}i_{oq} \quad (7-50)$$

$$\frac{di_{od}}{dt} = \frac{-r_c}{L_c}i_{od} + \omega i_{oq} + \frac{1}{L_c}u_{od} - \frac{1}{L_c}u_{bd}$$

$$\frac{di_{oq}}{dt} = \frac{-r_c}{L_c}i_{oq} + \omega i_{od} + \frac{1}{L_c}u_{oq} - \frac{1}{L_c}u_{bq}$$

式中　L_c、r_c——分别为系统线路电抗和线路电阻；

r_f——抑制滤波器振荡串入的阻尼电阻。

进一步进行线性化可得到：

$$\begin{bmatrix} \Delta \dot{i}_{ldq} \\ \Delta u_{odq} \\ \Delta i_{odq} \end{bmatrix} = A_{LC}\begin{bmatrix} \Delta i_{ldq} \\ \Delta u_{odq} \\ \Delta i_{odq} \end{bmatrix} + B_{LC1}[\Delta u_{idq}] + B_{LC2}[\Delta u_{bdq}] + B_{LC3}[\Delta\omega] \quad (7-51)$$

式中　u_{bdq}——多智能体微电网交流母线电压的 dq 轴分量；

i_{ldq}——滤波电感电流 dq 轴分量；

u_{odq}——逆变电源输出电压的 dq 轴分量；

i_{odq}——逆变电源输出电流的 dq 轴分量。

式中系数矩阵 A_{LC}、B_{LC1}、B_{LC2}、B_{LC3} 分别为：

$$\boldsymbol{A}_{\mathrm{LC}} = \begin{bmatrix} -\dfrac{rL_{\mathrm{f}}}{L_{\mathrm{f}}} & \omega_0 & -\dfrac{1}{L_{\mathrm{f}}} & 0 & 0 & 0 \\ -\omega_0 & -\dfrac{rL_{\mathrm{f}}}{L_{\mathrm{f}}} & 0 & -\dfrac{1}{L_{\mathrm{f}}} & 0 & 0 \\ \dfrac{1}{C_{\mathrm{f}}} & 0 & 0 & \omega_0 & -\dfrac{1}{C_{\mathrm{f}}} & 0 \\ 0 & \dfrac{1}{C_{\mathrm{f}}} & -\omega_0 & 0 & 0 & -\dfrac{1}{C_{\mathrm{f}}} \\ 0 & 0 & \dfrac{1}{L_{\mathrm{c}}} & 0 & -\dfrac{rL_{\mathrm{c}}}{L_{\mathrm{c}}} & \omega_0 \\ 0 & 0 & 0 & \dfrac{1}{L_{\mathrm{c}}} & -\omega_0 & -\dfrac{rL_{\mathrm{c}}}{L_{\mathrm{c}}} \end{bmatrix}; \boldsymbol{B}_{\mathrm{LC1}} = \begin{bmatrix} \dfrac{1}{L_{\mathrm{f}}} & 0 \\ 0 & \dfrac{1}{L_{\mathrm{f}}} \\ 0 & 0 \\ 0 & 0 \\ 0 & 0 \\ 0 & 0 \end{bmatrix}; \boldsymbol{B}_{\mathrm{LC1}} = \begin{bmatrix} 0 & 0 \\ 0 & 0 \\ 0 & 0 \\ 0 & 0 \\ -\dfrac{1}{L_{\mathrm{c}}} & 0 \\ 0 & -\dfrac{1}{L_{\mathrm{c}}} \end{bmatrix}$$

$$\boldsymbol{B}_{\mathrm{LC3}} = \begin{bmatrix} I_{\mathrm{lq}} & -I_{\mathrm{ld}} & U_{\mathrm{oq}} & -U_{\mathrm{od}} & I_{\mathrm{oq}} & -I_{\mathrm{od}} \end{bmatrix}^{\mathrm{T}}$$

7.3.1.5　虚拟同步发电机逆变器小信号模型

以上各个部分的小信号模型都是在由虚拟同步发电机自身输出电压确定的旋

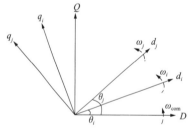

图 7-20　参考坐标系变换

转坐标系下建立的，为了建立完整多智能体微电网系统的小信号模型，需要将上述模型同步转换到公共参考坐标系下。现将逆变器坐标系下的模型转换到全局参考坐标系下，其中全局参考坐标系 $D-Q$ 以 ω_{com} 的角速度旋转，d_i-q_i 坐标系和 d_j-q_j 分别代表以角速度 ω_i 和 ω_j 旋转的第 i、j 各虚拟同步发电机的坐标。θ_i、θ_j 代表 i、j 旋转坐标系与公共旋转坐标系之间的夹角，如图 7-20 所示。

根据前面介绍的坐标系变换方法，逆变电源输出电流转换到公共参考坐标系下为：

$$[\Delta i_{\mathrm{oDQ}}] = \boldsymbol{T}_{\mathrm{s}}[\Delta i_{\mathrm{odq}}] + \boldsymbol{T}_i[\Delta \theta] \tag{7-52}$$

式（7-17）中系数矩阵 $\boldsymbol{T}_{\mathrm{s}}$、$\boldsymbol{T}_i$ 分别为：

$$\boldsymbol{T}_{\mathrm{s}} = \begin{bmatrix} \cos\theta & -\sin\theta \\ \sin\theta & \cos\theta \end{bmatrix}$$

$$\boldsymbol{T}_i = \begin{bmatrix} -i_{\mathrm{od}}\sin\theta - i_{\mathrm{oq}}\cos\theta \\ i_{\mathrm{od}}\cos\theta - i_{\mathrm{oq}}\sin\theta \end{bmatrix}$$

多智能体微电网交流母线电压是在公共参考坐标系下的变量，应用坐标系反变换公式，可以将其转换到逆变电源自身旋转坐标系下：

$$[\Delta u_{\mathrm{bdq}}] = [T_{\mathrm{s}}^{-1}][\Delta u_{\mathrm{bDQ}}] + [T_{\mathrm{v}}][\Delta\theta] \qquad (7-53)$$

其中：

$$T_{\mathrm{v}} = \begin{bmatrix} -u_{\mathrm{bd}}\sin\theta + u_{\mathrm{bq}}\cos\theta \\ -u_{\mathrm{bd}}\cos\theta - u_{\mathrm{bq}}\sin\theta \end{bmatrix}$$

$$T_{\mathrm{u}} = [T_{\mathrm{v}} \quad 0 \quad 0]$$

由此可求得虚拟同步发电机控制逆变器 i 的小信号状态空间模型：

$$\begin{bmatrix} \Delta \dot{x}_{\mathrm{inv}i} \end{bmatrix} = A_{\mathrm{inv}i}[\Delta x_{\mathrm{inv}i}] + B_{\mathrm{inv}i}[\Delta u_{i\mathrm{DQ}}] + B_{i\omega}[\Delta\omega_{\mathrm{com}}]$$

$$\begin{bmatrix} \Delta\omega_i \\ \Delta i_{oi\mathrm{DQ}} \end{bmatrix} = \begin{bmatrix} C_{\mathrm{inv}\omega i} \\ C_{\mathrm{inv}ci} \end{bmatrix}[\Delta x_{\mathrm{inv}i}] \qquad (7-54)$$

其中，状态变量为：

$$\Delta x_{\mathrm{inv}i} = \begin{bmatrix} \Delta\theta_i & \Delta\omega_i & \Delta E_i & \Delta X_{\mathrm{dq}i} & \Delta f_{\mathrm{dq}i} & \Delta\gamma_{\mathrm{dq}i} \\ \Delta i_{\mathrm{idq}i} & \Delta u_{\mathrm{odq}i} & \Delta i_{\mathrm{odq}i} & \end{bmatrix}$$

系数矩阵分别为：

$$A_{\mathrm{inv}i} = \begin{bmatrix} A_{\mathrm{p}i} & 0 & 0 \\ 0 & A_{\mathrm{v}i} & 0 \\ B_{\mathrm{u}1i}D_{\mathrm{v}i}C_{\mathrm{pu}i} & B_{\mathrm{u}1i}C_{\mathrm{v}i} & 0 \\ B_{\mathrm{c}1i}D_{\mathrm{u}1i}D_{\mathrm{v}i}C_{\mathrm{pu}i} & B_{\mathrm{c}1i}D_{\mathrm{u}1i}C_{\mathrm{v}i} & B_{\mathrm{c}1i}C_{\mathrm{u}i} \\ B_{\mathrm{LC}1i}D_{\mathrm{C}1i}D_{\mathrm{u}1i}D_{\mathrm{v}i}C_{\mathrm{pu}i} + B_{\mathrm{LC}2i}T_{\mathrm{u}} + B_{\mathrm{LC}3i}C_{\mathrm{p}\omega i} & B_{\mathrm{LC}1i}D_{\mathrm{C}1i}D_{\mathrm{u}1i}C_{\mathrm{v}i} & B_{\mathrm{LC}1i}D_{\mathrm{C}1i}C_{\mathrm{u}i} \end{bmatrix}$$

$$\begin{bmatrix} 0 & B_{\mathrm{p}i} \\ 0 & B_{\mathrm{v}i} \\ 0 & B_{\mathrm{u}2i} \\ 0 & B_{\mathrm{c}1i}D_{\mathrm{u}2i} + B_{\mathrm{c}2i} \\ B_{\mathrm{LC}1i}C_{\mathrm{c}i} & A_{\mathrm{LC}i} + B_{\mathrm{LC}1i}D_{\mathrm{c}1i}D_{\mathrm{u}2i} + B_{\mathrm{LC}1i}D_{\mathrm{c}2i} \end{bmatrix}$$

$$B_{\mathrm{inv}i} = [0 \quad 0 \quad 0 \quad B_{\mathrm{LC}2i}T_{\mathrm{s}}^{-1}]_{15\times2}^{\mathrm{T}} \qquad C_{\mathrm{inv}\omega i} = \begin{cases} [C_{\mathrm{p}\omega} \quad 0 \quad 0 \quad 0]_{1\times15} & i=1 \\ [0 \quad 0 \quad 0 \quad 0]_{1\times15} & i\neq1 \end{cases}$$

$$B_{i\omega} = [B_{\mathrm{p}\omega} \quad 0 \quad 0 \quad 0]_{15\times1}^{\mathrm{T}} \qquad C_{\mathrm{inv}ci} = [T_i \quad 0 \quad 0 \quad 0 \quad T_{\mathrm{s}}]_{2\times15}$$

式中　$x_{\mathrm{inv}i}$——虚拟同步发电机控制逆变器 i 的状态矩阵；

$\quad\quad u_{\mathrm{bdq}i}$——系统 PCC 点电压；

$\quad\quad \omega_i$——虚拟同步发电机控制逆变器 i 的角频率；

$\quad\quad i_{\mathrm{odq}i}$——虚拟同步发电机控制逆变器 i 输出电流。

7.3.2 电能质量改善控制模型

7.3.2.1 谐波不平衡抑制环

系统谐波电压环控制采用标准 PI 控制器，建模过程类似于传统逆变器控制中电压环，以 h 次谐波环为例进行建模，取中间变量 ϕ_{dh}、ϕ_{qh}，见式（7−55）。

$$\frac{\mathrm{d}\phi_{dh}}{\mathrm{d}t} = u_{odh}^* - u_{odh}, \frac{\mathrm{d}\phi_{qh}}{\mathrm{d}t} = u_{oqh}^* - u_{oqh} \qquad (7-55)$$

h 次谐波电压控制环公式为：

$$i_{ldh}^* = i_{odh} - \omega_h C_f v_{oqh} + K_{puh}(u_{odh}^* - u_{odh}) + K_{iuh}\phi_{dh}$$
$$i_{lqh}^* = i_{oqh} - \omega_h C_f v_{odh} + K_{puh}(u_{oqh}^* - u_{oqh}) + K_{iuh}\phi_{qh} \qquad (7-56)$$

进行线性化整理：

$$[\Delta\dot{\phi}_{dqh}] = [0][\Delta\phi_{dqh}] + \boldsymbol{B}_{u1h}[\Delta u_{odqh}^*] + \boldsymbol{B}_{u2h}\begin{bmatrix} \Delta i_{ldqh} \\ \Delta u_{odqh} \\ \Delta i_{odqh} \end{bmatrix}$$

$$[\Delta i_{ldqh}^*] = \boldsymbol{C}_{uh}[\Delta\phi_{dqh}] + \boldsymbol{D}_{u1h}[\Delta u_{odqh}^*] + \boldsymbol{D}_{u2h}\begin{bmatrix} \Delta i_{ldqh} \\ \Delta u_{odqh} \\ \Delta i_{odqh} \end{bmatrix} \qquad (7-57)$$

其中：

$$\boldsymbol{B}_{u1h} = \begin{bmatrix} 1 & 0 \\ 0 & 1 \end{bmatrix} \qquad \boldsymbol{B}_{u2h} = \begin{bmatrix} 0 & 0 & -1 & 0 & 0 & 0 \\ 0 & 0 & 0 & -1 & 0 & 0 \end{bmatrix}$$

$$\boldsymbol{C}_{uh} = \begin{bmatrix} K_{iuh} & 0 \\ 0 & K_{iuh} \end{bmatrix} \qquad \boldsymbol{D}_{u1h} = \begin{bmatrix} K_{puh} & 0 \\ 0 & K_{puh} \end{bmatrix}$$

$$\boldsymbol{D}_{u2h} = \begin{bmatrix} 0 & 0 & -K_{puh} & -\omega_h C_f & 1 & 0 \\ 0 & 0 & \omega_h C_f & -K_{puh} & 0 & 1 \end{bmatrix}$$

式中　K_{puh}、K_{iuh}——分别为谐波电压环 PI 控制器的比例系数和积分系数；

　　　　C_f——滤波电容。

采用式（7−52）对谐波抑制环进行坐标变换，由此可求得分频控制逆变器 i 的状态空间小信号模型：

$$[\Delta x_{invhi}] = \boldsymbol{A}_{invhi}[\Delta x_{invhi}] + \boldsymbol{B}_{invhi}[\Delta v_{bDQhi}] + \boldsymbol{B}_{\omega comhi}[\Delta\omega_{comhi}]$$

$$\begin{bmatrix} \Delta\omega_{hi} \\ \Delta i_{odqhi} \end{bmatrix} = \begin{bmatrix} C_{INV\omega hi} \\ C_{INVchi} \end{bmatrix}[\Delta x_{invhi}] \qquad (7-58)$$

式中　　　$x_{\text{inv}hi}$——系统状态变量；

　　　　　$A_{\text{inv}hi}$——状态矩阵；

　　　　　$v_{\text{bDQ}hi}$——分频控制逆变器 i 输入 h 次谐波电压；

　　　　　$\omega_{\text{com}hi}$——分频控制逆变器 i 输入 h 次公共角频率；

　　　　　ω_{hi}——分频控制逆变器 i 的 h 次谐波角频率；

　　　　　$i_{\text{odq}hi}$——分频控制逆变器 i 的 h 次谐波角频率和输出电流；

$C_{\text{INV}\omega hi}$、$C_{\text{INV}chi}$——输出矩阵；

　$B_{\text{inv}hi}$、$B_{\text{inv}hi}$——输入矩阵。

其中，状态变量为：

$$\Delta x_{\text{inv}hi} = [\Delta f_{\text{dq}hi} \quad \Delta \gamma_{\text{dq}hi} \quad \Delta i_{\text{ldq}hi} \quad \Delta v_{\text{odq}hi} \quad \Delta i_{\text{odq}hi}]$$

系数矩阵分别为：

$$A_{\text{inv}hi} = \begin{bmatrix} 0 & 0 & B_{u2hi} \\ B_{c1i}C_{uhi} & 0 & B_{c1i}D_{u2hi} + B_{c2i} \\ B_{\text{LC}1i}D_{c1i}C_{uhi} & B_{\text{LC}1i}C_{ci} & A_{\text{LC}i} + B_{\text{LC}1i}D_{c1i}D_{u2hi} \end{bmatrix}$$

$$B_{\text{inv}hi} = [0 \quad 0 \quad B_{\text{LC}2i}T_{shi}^{-1}]_{10\times2}^{\text{T}} \qquad C_{\text{invw}hi} = \left\{ \begin{array}{l} [C_{p\omega hi} \quad 0 \quad 0]_{1\times10} \quad i = 1 \\ [0 \quad 0 \quad 0]_{1\times10} \quad\quad i \neq 1 \end{array} \right\}$$

$$B_{i\omega h} = [B_{p\omega hi} \quad 0 \quad 0]_{10\times1}^{\text{T}} \qquad C_{\text{invc}hi} = [T_{ih} \quad 0 \quad T_{sh}]$$

式中　　　$\phi_{\text{dq}h}$——分频控制环 h 次谐波电压环的状态变量；

　　　　　$i_{\text{ldq}h}$——分频控制环 h 次谐波电感电流；

　　　　　$v_{\text{odq}h}$——逆变器的 h 次谐波输出电压；

　　　　　$i_{\text{odq}h}$——逆变器的 h 次谐波输出电流。

不平衡抑制环建模方法同谐波电压环相同，建模过程类似于传统逆变器控制中电压环，取中间变量 ϕ_{dub}、ϕ_{qub}，见式（7-59）。

$$\frac{\mathrm{d}\phi_{\text{dub}}}{\mathrm{d}t} = u_{\text{odub}}^* - u_{\text{odub}}; \qquad \frac{\mathrm{d}\phi_{\text{qub}}}{\mathrm{d}t} = u_{\text{oqub}}^* - u_{\text{oqub}} \tag{7-59}$$

负序电压控制环公式为：

$$i_{\text{ldub}}^* = i_{\text{odub}} - \omega_{\text{ub}}C_{\text{f}}v_{\text{oqub}} + K_{\text{puub}}(u_{\text{odub}}^* - u_{\text{odub}}) + K_{\text{iuub}}\phi_{\text{dub}}$$

$$i_{\text{lqub}}^* = i_{\text{oqub}} - \omega_{\text{ub}}C_{\text{f}}v_{\text{odub}} + K_{\text{puub}}(u_{\text{oqub}}^* - u_{\text{oqub}}) + K_{\text{iuub}}\phi_{\text{qub}} \tag{7-60}$$

进行线性化整理：

$$[\Delta\dot{\phi}_{\text{dqub}}] = [0][\Delta\phi_{\text{dqub}}] + B_{u1\text{ub}}[\Delta u_{\text{odqub}}^*] + B_{u2\text{ub}}\begin{bmatrix} \Delta i_{\text{ldqub}} \\ \Delta u_{\text{odqub}} \\ \Delta i_{\text{odqub}} \end{bmatrix}$$

$$[\Delta i_{\mathrm{ldqub}}^*] = C_{\mathrm{uub}}[\Delta \phi_{\mathrm{dqub}}] + D_{\mathrm{u1ub}}[\Delta u_{\mathrm{odqub}}^*] + D_{\mathrm{u2ub}}\begin{bmatrix} \Delta i_{\mathrm{ldqub}} \\ \Delta u_{\mathrm{odqub}} \\ \Delta i_{\mathrm{odqub}} \end{bmatrix} \qquad (7-61)$$

其中：

$$\boldsymbol{B}_{\mathrm{u1ub}} = \begin{bmatrix} 1 & 0 \\ 0 & 1 \end{bmatrix}, \boldsymbol{B}_{\mathrm{u2ub}} = \begin{bmatrix} 0 & 0 & -1 & 0 & 0 & 0 \\ 0 & 0 & 0 & -1 & 0 & 0 \end{bmatrix}$$

$$\boldsymbol{C}_{\mathrm{uub}} = \begin{bmatrix} K_{\mathrm{iuub}} & 0 \\ 0 & K_{\mathrm{iuub}} \end{bmatrix}, \boldsymbol{D}_{\mathrm{u1ub}} = \begin{bmatrix} K_{\mathrm{puub}} & 0 \\ 0 & K_{\mathrm{puub}} \end{bmatrix}$$

$$\boldsymbol{D}_{\mathrm{u2ub}} = \begin{bmatrix} 0 & 0 & -K_{\mathrm{puub}} & -\omega_{\mathrm{ub}}C_{\mathrm{f}} & 1 & 0 \\ 0 & 0 & \omega_{\mathrm{ub}}C_{\mathrm{f}} & -K_{E} & 0 & 1 \end{bmatrix}$$

式中　　K_{puub}——为不平衡电压环 PI 控制器的比例系数；

　　　　K_{iuub}——不平衡电压环 PI 控制器的积分系数；

　　　　C_{f}——滤波电容。

采用式（7-52）对不平衡抑制环进行坐标变换，由此可求得控制逆变器 i 的状态空间小信号模型：

$$[\Delta \dot{x}_{\mathrm{invub}i}] = A_{\mathrm{invub}i}[\Delta x_{\mathrm{invub}i}] + \boldsymbol{B}_{\mathrm{invub}i}[\Delta v_{\mathrm{bDQub}i}] + \boldsymbol{B}_{\mathrm{\omega comub}i}[\Delta \omega_{\mathrm{comub}i}]$$

$$\begin{bmatrix} \Delta \omega_{\mathrm{ub}i} \\ \Delta i_{\mathrm{odqub}i} \end{bmatrix} = \begin{bmatrix} \boldsymbol{C}_{\mathrm{INV\omega ub}i} \\ \boldsymbol{C}_{\mathrm{INVcub}i} \end{bmatrix}[\Delta x_{\mathrm{invub}i}] \qquad (7-62)$$

式中　　　　$x_{\mathrm{invub}i}$——系统状态变量；

　　　　　　$A_{\mathrm{invub}i}$——状态矩阵；

　　　　　　$v_{\mathrm{bDQub}i}$——不平衡抑制环控制逆变器 i 的输入电压；

　　　　　　$\omega_{\mathrm{comub}i}$——不平衡抑制环控制逆变器 i 的公共角频率；

　　　　　　$\Delta i_{\mathrm{odqub}i}$——不平衡抑制环控制逆变器 i 的输出电流；

$\boldsymbol{C}_{\mathrm{INVwub}i}$、$\boldsymbol{C}_{\mathrm{INVcub}i}$——输出矩阵；

$\boldsymbol{B}_{\mathrm{invub}i}$、$\boldsymbol{B}_{\mathrm{wcomub}i}$——输入矩阵。

其中，状态变量为：

$$\Delta x_{\mathrm{invub}i} = [\Delta \phi_{\mathrm{dqub}i} \quad \Delta \gamma_{\mathrm{dqub}i} \quad \Delta i_{\mathrm{ldqub}i} \quad \Delta v_{\mathrm{odqub}i} \quad \Delta i_{\mathrm{odqub}i}]$$

系数矩阵分别为：

$$A_{\mathrm{invub}i} = \begin{bmatrix} 0 & 0 & B_{\mathrm{u2ub}i} \\ B_{\mathrm{c1}i}C_{\mathrm{uub}i} & 0 & B_{\mathrm{c1}i}D_{\mathrm{u2ub}i} + B_{\mathrm{c2}i} \\ B_{\mathrm{LC1}i}D_{\mathrm{c1}i}C_{\mathrm{uub}i} & B_{\mathrm{LC1}i}C_{\mathrm{c1}i} & A_{\mathrm{LC}i} + B_{\mathrm{LC1}i}D_{\mathrm{c1}i}D_{\mathrm{u2ub}i} \end{bmatrix}$$

$$\boldsymbol{B}_{\text{invub}i} = [0 \quad 0 \quad B_{\text{LC}2i}T_{\text{sub}i}^{-1}]_{10 \times 2}^{\text{T}} \qquad \boldsymbol{C}_{\text{invwub}i} = \begin{cases} [C_{\text{p}\omega\text{ub}i} \quad 0 \quad 0]_{1 \times 10} \, i = 1 \\ [0 \quad 0 \quad 0]_{1 \times 10} \qquad i \neq 1 \end{cases}$$

$$\boldsymbol{B}_{i\omega\text{ub}} = [B_{\text{p}\omega\text{ub}i} \quad 0 \quad 0]_{10 \times 1}^{\text{T}} \qquad \boldsymbol{C}_{\text{invcub}i} = [T_{i\text{ub}} \quad 0 \quad T_{\text{sub}}]$$

式中　$\Delta\phi_{\text{dqub}}$——不平衡控制电压环的状态变量；

$\quad\quad$ i_{ldqub}——不平衡控制环电感电流；

$\quad\quad$ v_{odqub}——逆变器输出负序电压；

$\quad\quad$ i_{odqub}——逆变器输出负序电流。

7.3.2.2　二级控制环

传统下垂控制可实现有功/无功功率与频率/电压的自动调节，但其本质是一种有差调整，虚拟阻抗的加入更会加大有差调节的程度，不利于多智能体微电网的电压调整，因此提出二级控制策略来改善输出电压。二级控制在孤岛时，为使母线电能质量满足要求，多智能体微电网电压和频率恢复的二级控制器如下：

$$\delta f = k_{\text{pf}}(f^* - f_{\text{pcc}}) + k_{\text{if}}\int(f^* - f_{\text{pcc}})\text{d}t$$
$$\delta E = k_{\text{pE}}(E^* - E_{\text{pcc}}) + k_{\text{iE}}\int(E^* - E_{\text{pcc}})\text{d}t \qquad (7-63)$$

式中　f^*、f_{pcc}——分别为多智能体微电网额定运行频率和实际运行频率；

$\quad\quad$ E^*、E_{pcc}——分别为 PCC 端额定电压和实际电压。

将所得频率和电压控制信号作为偏移量统一发送给各节点，各节点下垂曲线将上下平移，系统将会使 PCC 端电压和频率稳定在额定点，完成二次调压调频。

二级频率控制采用 PI 控制器，取中间变量 S_{f}，见式（7-64）。

$$\frac{\text{d}S_{\text{f}}}{\text{d}t} = f^* - f_{\text{pcc}} \qquad (7-64)$$

则频率控制环公式为：

$$\delta f = K_{\text{pf}}(f^* - f_{\text{pcc}}) + K_{\text{if}}S_{\text{f}} \qquad (7-65)$$

线性化整理得到：

$$[\Delta\dot{S}_{\text{f}}] = [0][\Delta S_{\text{f}}] + B_{\text{f}}[\Delta f_{\text{pcc}}]$$
$$[\Delta\delta_{\text{f}}] = C_{\text{f}}[\Delta S_{\text{f}}] + D_{\text{f}}[\Delta f_{\text{pcc}}] \qquad (7-66)$$

其中：

$$B_{\text{f}} = [-1], C_{\text{f}} = [K_{\text{if}}], D_{\text{f}} = [-K_{\text{pf}}]$$

式中　K_{pf}、K_{if}——分别为二级频率环 PI 控制器的比例系数和积分系数。

二级电压控制采用 PI 控制器，取中间变量 S_{E}，见式（7-67）。

$$\frac{\mathrm{d}S_E}{\mathrm{d}t} = E^* - E_{\mathrm{pcc}} \tag{7-67}$$

则电压控制环公式为：

$$\delta E = K_{\mathrm{pE}}(E^* - E_{\mathrm{pcc}}) + K_{\mathrm{iE}}S_E \tag{7-68}$$

线性化整理得到：

$$
\begin{aligned}
[\Delta \dot{S}_E] &= [0][\Delta S_E] + B_E[\Delta E_{\mathrm{pcc}}] \\
[\Delta \delta_E] &= C_E[\Delta S_E] + D_E[\Delta E_{\mathrm{pcc}}]
\end{aligned}
\tag{7-69}
$$

其中：

$$B_E = [-1], \ C_E = [K_{\mathrm{iE}}], \ D_E = [-K_{\mathrm{pE}}]$$

式中　K_{pE}、K_{iE}——分别为二级电压环 PI 控制器的比例系数和积分系数。

7.3.3　多智能体微电网整体模型

根据上节内容，令 $i = 2$，将单个虚拟同步发电机逆变器模型增广结合，将第一个虚拟同步发电机逆变器作为角度参考标准，可得两台虚拟同步发电机控制逆变器并联的小信号模型：

$$
\begin{aligned}
[\Delta \dot{x}_{\mathrm{inv}}] &= A_{\mathrm{inv}}[\Delta x_{\mathrm{inv}}] + B_{\mathrm{inv}}[\Delta u_{\mathrm{bDQ}}] \\
[\Delta i_{\mathrm{oDQ}}] &= C_{\mathrm{invc}}[\Delta x_{\mathrm{inv}}]
\end{aligned}
\tag{7-70}
$$

其中，状态变量为：

$$[\Delta x_{\mathrm{inv}}] = [\Delta x_{\mathrm{inv1}} \quad \Delta x_{\mathrm{inv2}}]$$

其中：

$$
A_{\mathrm{inv}} = \begin{bmatrix} A_{\mathrm{inv1}} + B_{i\omega}C_{\mathrm{inv\omega1}} & 0 \\ 0 & A_{\mathrm{inv2}} + B_{2\omega}C_{\mathrm{invw1}} \end{bmatrix},
$$

$$
B_{\mathrm{inv}} = \begin{bmatrix} B_{\mathrm{inv1}} \\ B_{\mathrm{inv2}} \end{bmatrix}, \qquad C_{\mathrm{invc}} = \begin{bmatrix} C_{\mathrm{invc1}} & 0 \\ 0 & C_{\mathrm{invc2}} \end{bmatrix}, \ C_{\mathrm{invw}} = [C_{\mathrm{inv\omega1}} \quad C_{\mathrm{inv\omega2}}]
$$

式中　Δx_{inv}——虚拟同步发电机控制逆变器状态变量；

　　A_{inv}——虚拟同步发电机控制逆变器状态矩阵；

　　Δu_{bDQ}——虚拟同步发电机控制逆变器出口端电压；

　　B_{inv} 与 $B_{i\omega}$——虚拟同步发电机控制逆变器输入矩阵；

　　ω、i_{oDQ}——虚拟同步发电机控制逆变器角频率以及输出电流；

　　C_{invc}——虚拟同步发电机控制逆变器输出矩阵。

针对多智能体微电网模型，将负载等效为 RL 串联形式，其等效模型为式（7-71）。

$$[\Delta \dot{i}_{\text{loaddq}}] = A_{\text{load}}[\Delta i_{\text{loaddq}}] + B_{\text{1load}}[\Delta u_{idq}] + B_{\text{2load}}\Delta \omega \tag{7-71}$$

其中：

$$A_{\text{load}} = \begin{bmatrix} -\dfrac{R_{\text{load}}}{L_{\text{load}}} & \omega_{\text{n}} \\ -\omega_{\text{n}} & -\dfrac{R_{\text{load}}}{L_{\text{load}}} \end{bmatrix},$$

$$B_{\text{1load}} = \begin{bmatrix} \dfrac{1}{L_{\text{load}}} & 0 \\ 0 & \dfrac{1}{L_{\text{load}}} \end{bmatrix}, B_{\text{2load}} = \begin{bmatrix} I_{\text{loadq}} \\ I_{\text{loadd}} \end{bmatrix}$$

式中　R_{load}——负载等效电阻；

　　　　L_{load}——负载等效电抗；

L_{loadd}、I_{loadq}——系统负载电流。

为将包含负荷的整体多智能体微电网系统通过状态矩阵形式表示，引入虚拟参数 R_{n} 来等效替代掉原状态空间表达式的输入，见式（7-72）。

$$\begin{cases} u_{\text{bd}} = R_{\text{n}}(i_{\text{od}} - i_{\text{loadd}}) \\ u_{\text{bq}} = R_{\text{n}}(i_{\text{oq}} - i_{\text{loadq}}) \end{cases} \tag{7-72}$$

在负载不变的情况下可得到加入虚拟阻抗之后的两台虚拟同步发电机控制逆变器并联的完整小信号模型为：

$$\Delta \dot{x}_{\text{mg}} = A_{\text{mg}}\Delta x_{\text{mg}} \tag{7-73}$$

其中：

$$A_{\text{mg}} = \begin{bmatrix} A_{\text{inv}} + B_{\text{inv}}R_{\text{n}}C_{\text{invc}} & -B_{\text{inv}}R_{\text{n}} \\ B_{\text{1load}}R_{\text{n}}C_{\text{invc}} + B_{\text{2load}}C_{\text{inv}\omega} & A_{\text{load}} - B_{\text{1load}}R_{\text{n}} \end{bmatrix}$$

$$\Delta x_{\text{mg}} = \begin{bmatrix} \Delta\theta_1 & \Delta\omega_1 & \Delta E_1 & \Delta X_{\text{dq1}} & \Delta\phi_{\text{dq1}} & \Delta\gamma_{\text{dq1}} \\ \Delta i_{\text{ldq1}} & \Delta u_{\text{odq1}} & \Delta i_{\text{odq1}} & \Delta\theta_2 & \Delta\omega_2 & \Delta E_2 \\ \Delta X_{\text{dq2}} & \Delta\phi_{\text{dq2}} & \Delta\gamma_{\text{dq2}} & \Delta i_{\text{ldq2}} & \Delta u_{\text{odq2}} & \Delta i_{\text{odq2}} \\ \Delta i_{\text{loaddq}} \end{bmatrix}$$

式中　x_{mg}——虚拟同步发电机控制逆变器状态变量；

　　　A_{mg}——虚拟同步发电机控制逆变器状态矩阵。

同理可得分频控制逆变器并联的小信号模型：

$$[\Delta \dot{x}_{invh}] = A_{invh}[\Delta x_{invh}] + B_{invh}[\Delta u_{bDQh}]$$
$$[\Delta i_{oDQh}] = C_{invch}[\Delta x_{invh}]$$

（7－74）

其中，状态变量

$$[\Delta x_{invh}] = [\Delta x_{invh1} \quad \Delta x_{invh2}]$$

其中：

$$A_{invh} = \begin{bmatrix} A_{invh1} + B_{1\omega h}C_{inv\omega h1} & 0 \\ 0 & A_{invh2} + B_{2\omega h}C_{inv\omega h1} \end{bmatrix},$$

$$B_{invh} = \begin{bmatrix} B_{invh1} \\ B_{invh2} \end{bmatrix}, \quad C_{invch} = \begin{bmatrix} C_{invch1} & 0 \\ 0 & C_{invch2} \end{bmatrix}, \quad C_{inv\omega h} = [C_{inv\omega h1} \quad C_{inv\omega h2}]$$

式中　Δx_{inv}——分频控制逆变器状态变量；

　　　A_{invh}——分频控制逆变器状态矩阵；

　　　u_{bDQh}——分频控制逆变器出口端电压；

　　　B_{invh}——分频控制逆变器输入矩阵；

$\Delta \omega_h$、Δi_{oDQh}——分频控制逆变器角频率以及输出电流；

　　　C_{invc}——分频控制逆变器输出矩阵。

在负载不变的情况下可得到分频控制逆变器的完整小信号模型为：

$$\Delta \dot{x}_{mgh} = A_{mgh}\Delta x_{mgh}$$

（7－75）

其中：

$$A_{mgh} = \begin{bmatrix} A_{invh} + B_{invh}R_n C_{invch} & -B_{invh}R_n \\ B_{1loadh}R_n C_{invch} + B_{2loadh}C_{inv\omega h} & A_{loadh} - B_{1loadh}R_n \end{bmatrix}$$

$$\Delta x_{mgh} = \begin{bmatrix} \Delta \phi_{dqh1} & \Delta \gamma_{dqh1} & \Delta i_{ldqh1} & \Delta u_{odqh1} & \Delta i_{odqh1} & \Delta \phi_{dqh2} \\ \Delta \gamma_{dqh2} & \Delta i_{ldh2} & \Delta u_{odqh2} & \Delta i_{odqh2} & \Delta i_{loaddqh} \end{bmatrix}$$

式中　x_{mgh}——分频控制逆变器状态变量；

　　　A_{mgh}——分频控制逆变器状态矩阵。

不平衡抑制环建模原理同分频控制建模原理相同，由此可得到不平衡抑制环路的完整小信号模型为：

$$\Delta \dot{x}_{\text{mgub}} = A_{\text{mgub}} \Delta x_{\text{mgub}} \tag{7-76}$$

其中：

$$A_{\text{mgub}} = \begin{bmatrix} A_{\text{invub}} + B_{\text{invub}} R_{\text{n}} C_{\text{invcub}} & -B_{\text{invub}} R_{\text{n}} \\ B_{\text{1loadub}} R_{\text{n}} C_{\text{invcub}} + B_{\text{2loadub}} C_{\text{inv}\omega\text{ub}} & A_{\text{loadub}} - B_{\text{1loadub}} R_{\text{n}} \end{bmatrix}$$

$$\Delta x_{\text{mgub}} = \begin{bmatrix} \Delta \phi_{\text{dqub1}} & \Delta \gamma_{\text{dqub1}} & \Delta i_{\text{ldqub1}} & \Delta u_{\text{odqub1}} & \Delta i_{\text{odqub1}} & \Delta \phi_{\text{dqub2}} \\ \Delta \gamma_{\text{dqub2}} & \Delta i_{\text{ldqub2}} & \Delta u_{\text{odqub2}} & \Delta i_{\text{odqub2}} & \Delta i_{\text{loaddqub}} \end{bmatrix}$$

式中　　x_{mgub}——不平衡抑制环逆变器状态变量；

A_{mgub}——不平衡抑制环逆变器状态矩阵。

可得虚拟同步发电机控制，分频控制，不平衡抑制系统的整体小信号模型：

$$\Delta \dot{x}_{\text{mga}} = A_{\text{mga}} \Delta x_{\text{mga}} \tag{7-77}$$

$$\Delta \dot{x}_{\text{mga}} = \begin{bmatrix} \Delta \dot{x}_{\text{mg}} \\ \Delta x_{\text{mgh}} \\ \Delta x_{\text{mgub}} \end{bmatrix} \quad \Delta x_{\text{mga}} = \begin{bmatrix} \Delta x_{\text{mg}} \\ \Delta x_{\text{mgh}} \\ \Delta x_{\text{mgub}} \end{bmatrix} \quad A_{\text{mga}} = \begin{bmatrix} A_{\text{mg}} & 0 & 0 \\ 0 & A_{\text{mgh}} & 0 \\ 0 & 0 & A_{\text{mgub}} \end{bmatrix}$$

7.3.4　系统稳定性分析

采用上节多虚拟同步发电机并联多智能体微电网模型，通过特征根与灵敏度分析法对基于谐波不平衡抑制多虚拟同步发电机并联进行参数稳定性分析。结果如下：

如图 7-21 所示表示了虚拟同步发电机惯性系数 J 从 0.04～10 变化时的系统根轨迹，如图 7-22 所示表示了虚拟同步发电机励磁系数 K 从 0.001～100 变化的系统根轨迹图，从图 7-21 中可以看出随着 J 的增大，系统根轨迹整体趋势左移，动态特性逐渐减小，稳定性越强，当 J 越大时系统反应速度越慢。从图 7-22 中可以看到随着 K 的增大特征根左移，系统稳定性逐渐增强。

如图 7-23 和图 7-24 所示分别为有功下垂系数 D_{p} 从 0～500 变化和无功下垂系数 D_{q} 从 0～1000 变化时系统根轨迹图，从图 7-23 中可知随着 D_{p} 增大，系统的根轨迹水平向右移动，表明 D_{p} 对系统的稳定性影响越来越大，但可以看出其对系统的动态特性影响不大，同时当 D_{p} 过大时系统不稳定。从图 7-24 中可知随着 D_{q} 增大，系统根轨迹和 D_{p} 趋势基本相同，对系统的动态特性影响不大，稳态特性影响较大，当 D_{q} 过大时系统不稳定。

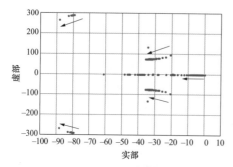

图 7-21　虚拟同步发电机惯性系数 J 根轨迹

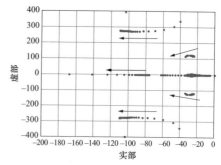

图 7-22　虚拟同步发电机励磁系数 K 根轨迹

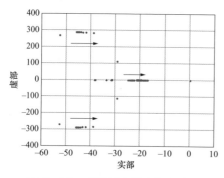

图 7-23　虚拟同步发电机有功
下垂系数 D_p 根轨迹

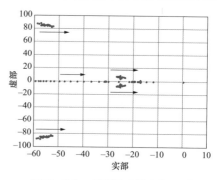

图 7-24　虚拟同步发电机无功
下垂系数 D_q 根轨迹

如图 7-25、图 7-26 所示分别为虚拟电阻 R_v 从 0 到 1 和虚拟电抗 X_v 从 0~1 变化时系统根轨迹图，从图 7-25 中可以看出随着 X_v 增大，系统特征根整体向右移动，特征根逐渐远离实轴，可知系统的动态特性逐渐增强，稳定性减弱。从图 7-26 中可以看出随着 X_v 的增大系统的动态特性逐渐减弱，稳定性减弱。

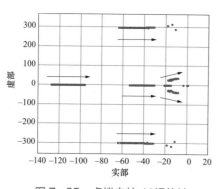

图 7-25　虚拟电抗 X_v 根轨迹

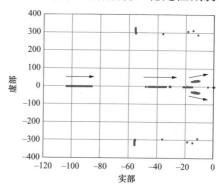

图 7-26　虚拟电阻 R_v 根轨迹

如图 7-27 所示为线路电抗 L_{line} 从 0～1 变化的特征根轨迹图，当 L_{line} 增大时系统特征根整体右移，特征根接近虚轴移动。如图 7-28 所示为线路电阻 R_{line} 从 0～1 变化的根轨迹图，当 R_{line} 增大时系统特征根右移。说明当系统线路电抗、线路电阻增大时，稳定性减弱。

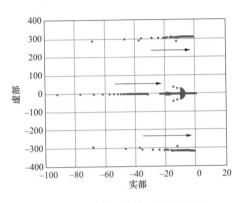

图 7-27　线路电抗 X_{line} 根轨迹

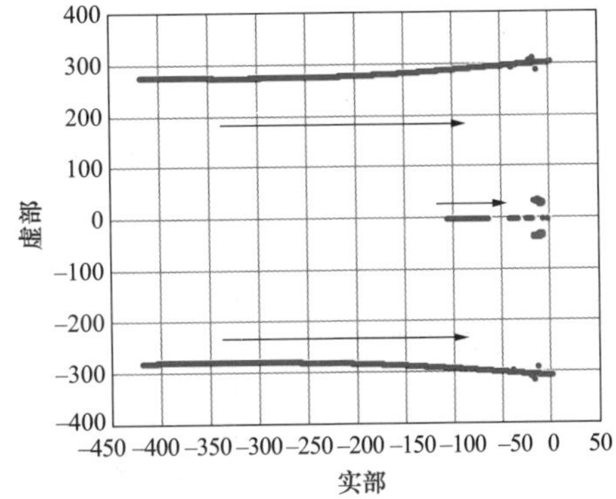

图 7-28　线路电阻 R_{line} 根轨迹

如图 7-29 所示为虚拟同步发电机电压环比例系数 K_{pu} 从 0～1000 变化根轨迹，如图 7-30 所示为虚拟同步发电机电压环积分系数 K_{iu} 从 0～1000 变化根轨迹。从中能够看出当电压环比例系数增大时，系统特征根远离实轴向两侧移动，故系统快速性上升，但稳定性一定程度减弱。当电压环积分系数增大时，系统特征根右移，稳定性减弱，但快速性上升。该特性符合传统 PI 控制器特性，对参数整定有一定指导作用。

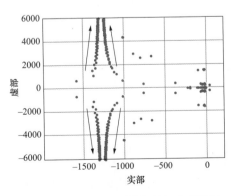
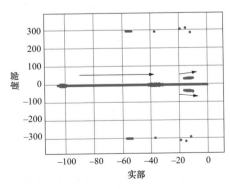

图 7-29　基波电压比例系数 K_{pu} 根轨迹

图 7-30　基波电压积分系数 K_{iu} 根轨迹

如图 7-31 所示为虚拟同步发电机电流环比例系数 K_{pc} 从 0 到 1000 变化的特征根轨迹，如图 7-32 所示为电流环积分系数 K_{ic} 从 0～1000 变化的根轨迹。能够从中看出，电流环 PI 参数效果与电压环基本类似，但其特征根轨迹整体离虚轴较远，因此其控制影响相比电压环较小，且随着比例系数增大，系统快速远离实轴移动，其快速性急剧增大，可以看出，较大的电流环参数将对系统快速性有较大影响。

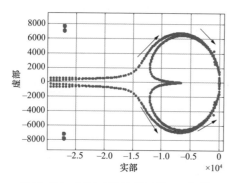

图 7-31 基波电流比例系数 K_{pc} 根轨迹　　图 7-32 基波电流积分系数 K_{ic} 根轨迹

如图 7-33～图 7-36 所示分别为谐波抑制环比例系数 K_{puh}、积分系数 K_{iuh}、不平衡抑制环比例系数 K_{pubh}、积分系数 K_{iubh}，其中，比例系数变化从 0～500，积分系数变化从 0～1000。可以看出，四张图根轨迹与虚拟同步发电机电压控制环轨迹类似，其控制状态也与其类似，得到相同结论，故不再赘述。

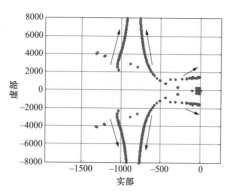
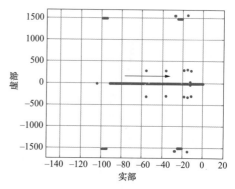

图 7-33 谐波电压比例系数 K_{puh} 根轨迹　　图 7-34 谐波电压积分系数 K_{iuh} 根轨迹

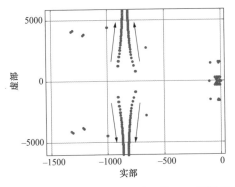

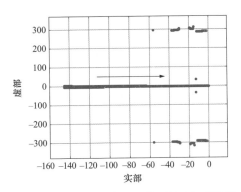

图 7-35　不平衡电压比例系数 K_{pubh} 根轨迹　　　图 7-36　不平衡电压积分系数 K_{iubh} 根轨迹

　　如图 7-37 所示为基于谐波不平衡控制实验所用参数计算出的根轨迹点，可以看出系统所有特征根全部位于左半平面，由此可判定谐波不平衡控制系统稳定，与实验时系统稳定相对应，验证了本文小信号稳定性分析的正确性。

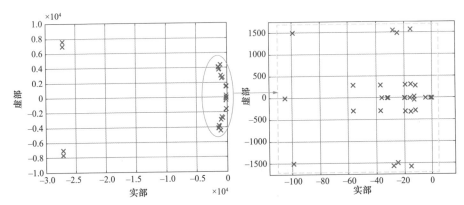

图 7-37　实验所用参数根轨迹图

7.4　虚拟同步发电机模型预测控制策略

7.4.1　模型预测控制机理

7.4.1.1　三相逆变器电压型模型预测控制原理

　　三相三线制电压型逆变器 LC 滤波星接结构图如图 7-38 所示，图 7-38 中 L 为滤波电感；C 为滤波电容；还存在电感串联等效电阻 r_L；v_{dc} 为输入直流侧电压，为保证直流侧电压基本稳定直流侧并入一个较大的电容；u_a、u_b、u_c 为三相逆变器输出电压瞬时值；u_{oa}、u_{ob}、u_{oc} 为三相逆变器输出电压瞬时值；i_{dc} 为输入逆变器的直流电流；i_{la}、i_{lb}、i_{lc} 为三相滤波电感电流瞬时值；i_{oa}、i_{ob}、i_{oc} 为三相逆变器经滤波后输出负载电流瞬时值。

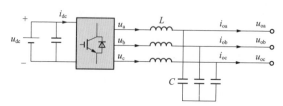

图 7-38　三相电压型逆变器的主电路拓扑结构

根据图 7-38，由电感的伏秒平衡、基尔霍夫电压定律（KVL）、基尔霍夫电流定律（KCL）、电容的安秒平衡，得出动态电压电流方程：

$$\begin{cases} \dfrac{\mathrm{d}}{\mathrm{d}t}\begin{pmatrix} u_{oA} \\ u_{oB} \\ u_E \end{pmatrix} = \dfrac{1}{C}\begin{pmatrix} i_{la} \\ i_{lb} \\ i_{lc} \end{pmatrix} - \dfrac{1}{C}\begin{pmatrix} i_{oa} \\ i_{ob} \\ i_{oc} \end{pmatrix} \\[4mm] \dfrac{\mathrm{d}}{\mathrm{d}t}\begin{pmatrix} i_{la} \\ i_{lb} \\ i_{lc} \end{pmatrix} = \dfrac{1}{L}\begin{pmatrix} u_a \\ u_b \\ u_c \end{pmatrix} - \dfrac{1}{L}\begin{pmatrix} u_{oA} \\ u_{oB} \\ u_{oC} \end{pmatrix} - \dfrac{r_L}{L}\begin{pmatrix} i_{la} \\ i_{lb} \\ i_{lc} \end{pmatrix} \end{cases} \quad (7-78)$$

由此对式（7-78）先进行 Clark 变换，再进行 Park 变换，由此从三相 abc 坐标系转到 dq0 旋转坐标系，得到式（7-79）如下：

$$\begin{cases} \dfrac{\mathrm{d}}{\mathrm{d}t}\begin{pmatrix} u_{od} \\ u_{oq} \end{pmatrix} = \dfrac{1}{C}\left[\begin{pmatrix} i_{ld} \\ i_{lq} \end{pmatrix} - \begin{pmatrix} i_{od} \\ i_{oq} \end{pmatrix}\right] - \begin{pmatrix} 0 & -\omega \\ \omega & 0 \end{pmatrix}\begin{pmatrix} u_{od} \\ u_{oq} \end{pmatrix} \\[4mm] \dfrac{\mathrm{d}}{\mathrm{d}t}\begin{pmatrix} i_{ld} \\ i_{lq} \end{pmatrix} = \dfrac{1}{L}\left[\begin{pmatrix} u_d \\ u_q \end{pmatrix} - \begin{pmatrix} u_{od} \\ u_{oq} \end{pmatrix} - \begin{pmatrix} r_L & -\omega L \\ \omega L & \omega L \end{pmatrix}\begin{pmatrix} i_{ld} \\ i_{lq} \end{pmatrix}\right] \end{cases} \quad (7-79)$$

式中　ω——逆变器输出端的额定电压角频率。

由式（7-79）可得出三相逆变器关于电压与电流在 dq 旋转坐标系的状态方程为：

$$\dot{X}_s = A_s X_s + B_s u_s + B_{Is} u_{Is} \quad (7-80)$$

其中状态变量为：

$$X_s = (u_{od} \quad u_{oq} \quad i_{ld} \quad i_{lq})^T; u_s = (u_d \quad u_q)^T; u_{Is} = (i_{od} \quad i_{oq})^T$$

其中参数矩阵为：

$$A_s = \begin{pmatrix} 0 & \omega & \dfrac{1}{C} & 0 \\ -\omega & 0 & 0 & \dfrac{1}{C} \\ -\dfrac{1}{L} & 0 & -\dfrac{r_L}{L} & \omega \\ 0 & -\dfrac{1}{L} & -\omega & -\dfrac{r_L}{L} \end{pmatrix} \qquad B_s = \begin{pmatrix} 0 & 0 \\ 0 & 0 \\ \dfrac{1}{L} & 0 \\ 0 & \dfrac{1}{L} \end{pmatrix}$$

$$B_{Is} = \begin{pmatrix} -\dfrac{1}{C} & 0 \\ 0 & -\dfrac{1}{C} \\ 0 & 0 \\ 0 & 0 \end{pmatrix}$$

设输出电压量 $y_s = [u_{od} \quad u_{oq}]^T$，可得

$$\dot{X}_s = A_s X_s + B_s u_s + B_{Is} u_{Is} \tag{7-81}$$

其中，

$$C_s = \begin{bmatrix} 1 & 0 & 0 & 0 \\ 0 & 1 & 0 & 0 \end{bmatrix}$$

由此对式（7-80）与式（7-81）进行离散化得：

$$X_s(k+1) = A_{sd}X_s(k) + B_{sd}u_s(k) + B_{Isd}u_{Is}(k) \tag{7-82}$$

式中 $X_s(k)$、$u_{Is}(k)$——所采变量的矢量形式。

$$y_s(k) = C_s X_s(k) \tag{7-83}$$

其中：

$$A_{sd} = e^{A_s T_s}, B_{sd} = \int_0^{T_s} e^{A_s t} B_s dt, B_{Isd} = \int_0^{T_s} e^{A_s t} B_{Is} dt$$

式中 T_s——逆变器采样周期。

此处离散化方法是对非齐次状态方程根据级数展开法进行求解而来。

$$u_s(k) = \frac{2}{3}[S_a(k) + \alpha S_b(k) + \alpha^2 S_c(k)]u_{dc}, \alpha = e^{j2\pi/3}$$

定义作用于三相逆变器开关函数组合为

$$S = [S_a \quad S_b \quad S_c]^T$$

可得：

$$u_{si}(k) = \frac{2}{3}u_{dc}[1 \quad \alpha \quad \alpha^2]S_i, i = 0,\cdots,7 \qquad (7-84)$$

评估价值函数是模型预测控制算法中重要的一步，评估价值函数会因预测的量不同而变化，例如电压、电流、转矩、功率等。此文模型预测的量为电压，评估价值函数是对参考电压与下一时刻采样电压进行对比，从而选出误差最小的量。

评估价值函数：

$$g = |u_{od}^* - u_{od1}| + |u_{oq}^* - u_{oq1}|, i = 0,\cdots,7 \qquad (7-85)$$

式中　u_{od}^*、u_{oq}^*——最终输出电压的给定值；

u_{od1}、u_{oq1}——通过上式及开关变换下计算所预测得到的下一时刻的电压值。

结合以上公式，在三相逆变器的 8 种开关函数组合下可使得评估价值函数 g 最小的，便是最优的开关函数组合，可得到最优的电压值。

7.4.1.2　三相逆变器电流型模型预测控制原理

如图 7-39 并所示网下三相逆变器模型预测，是直接在逆变器输出测接入 RL 滤波，最终接入电网。由于接入电网，可以由电网控制住电压值。因此，预测控制只需将电流稳住即可。

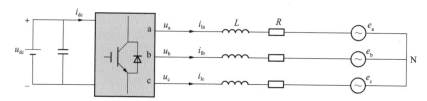

图 7-39　三相电压型逆变器的主电路拓扑结构

由上图 7-39 根据基尔霍夫定律，可得到电流的状态方程为：

$$\frac{d}{dt}\begin{pmatrix} i_{la} \\ i_{lb} \\ i_{lc} \end{pmatrix} = -\frac{R}{L}\begin{pmatrix} 1 & 0 & 0 \\ 0 & 1 & 0 \\ 0 & 0 & 1 \end{pmatrix}\begin{pmatrix} i_{la} \\ i_{lb} \\ i_{lc} \end{pmatrix} + \frac{1}{L}\begin{pmatrix} u_a - e_a \\ u_b - e_b \\ u_c - e_c \end{pmatrix} \qquad (7-86)$$

由此可根据对式（7-86）进行 3s-2s（Clark）变换得到 $\alpha\beta$ 坐标系下的方程：

$$\begin{cases} L\dfrac{\mathrm{d}i_{\alpha}}{\mathrm{d}t} = u_{\alpha} - e_{\alpha} - Ri_{\alpha} \\[3mm] L\dfrac{\mathrm{d}i_{\beta}}{\mathrm{d}t} = u_{\beta} - e_{\beta} - Ri_{\beta} \end{cases} \qquad (7-87)$$

对式（7-87）离散化得：

$$\begin{cases} L\dfrac{i_{\alpha}(k+1) - i_{\alpha}(k)}{T_{s}} = u_{\alpha}(k) - e_{\alpha}(k) - Ri_{\alpha}(k) \\[4mm] L\dfrac{i_{\beta}(k+1) - i_{\beta}(k)}{T_{s}} = u_{\beta}(k) - e_{\beta}(k) - Ri_{\beta}(k) \end{cases} \qquad (7-88)$$

式中　T_{s}——采样周期。

经整理得：

$$\begin{cases} i_{\alpha}(k+1) = \dfrac{T_{s}}{L}[u_{\alpha}(k) - e_{\alpha}(k)] + \left(1 - \dfrac{RT_{s}}{L}\right)i_{\alpha}(k) \\[4mm] i_{\beta}(k+1) = \dfrac{T_{s}}{L}[u_{\beta}(k) - e_{\beta}(k)] + \left(1 - \dfrac{RT_{s}}{L}\right)i_{\beta}(k) \end{cases} \qquad (7-89)$$

得到在 $\alpha\beta$ 坐标系下的下一时刻电流方程再在此基础上对其进行一个 Park 变换将其导到 $dq0$ 坐标系下，对其有功功率 P 与无功功率 Q 进行表示。

根据此种方法离散化所得的解与对之前的电压型逆变器离散化的方法不太一样。上一种是根据状态方程对其进行级数展开而推算得到的下一时刻电压值。而电流型的便是利用了简单的微分原理所得到的，是根据微分求极限的思想得到的。

对于取微分可理解为针对下一时刻的函数值与这一时刻的函数值做差再除以自变量的变化值如下式所示：

$$\frac{\mathrm{d}f(x)}{\mathrm{d}x} = \lim_{\Delta x \to 0} \frac{f(x + \Delta x) - f(x)}{\Delta x} \qquad (7-90)$$

在并网下逆变器电流型模型预测的原理便是如此，将函数的自变量改为时间 t，函数便是有状态方程所得的电流状态方程。

7.4.2　基于模型预测的虚拟同步发电机控制策略

虚拟同步发电机技术具有模拟同步发电机转动惯量、阻尼特性、下垂特性、励磁特性以及并离网通用的技术优势，加以结合分层控制集中分布的优秀特性，能够加强逆变器的稳定性。同时，与下垂控制系统相比，虚拟同步发电机模拟了传统发电机的一些性能，使得切换过程速度减慢，振荡阻尼使得波动减小对电网影响较小。

模型预测控制（MPC）并不是一种模型结构而是一种基于预测过程模型的控制算法，根据此时此刻的数据信息来推导出下一时段的输入或输出。因此，预测模型可以利用在状态方程、传递函数甚至阶跃响应或脉冲响应的过程中。此文中的电压和电流型预测便是根据前一时刻所采数据进行分析，利用两种不同的方法得到下一时刻的电压量与电流量。

模型预测加上虚拟同步发电机的整体控制结构图如图 7-40 所示，首先主电路为逆变器输出后接 LC 滤波电路，经限流电抗，接到三相交流母线最终可接到负载。而其中控制方法为：

（1）从主电路中测量采集逆变器所输出的电压及电流和 LC 滤波后的电压电流。

（2）根据所得猜到的测量值给到虚拟同步发电机控制环节，对数据继续计算求的有功与无功功率，之后给到虚拟同步发电机的控制原理可得到电压幅值与频率，得知后根据运算得到给定的电压值。

（3）得知给定电压值可给到预测控制环节，依照第一步所采到的电压电流根据模型预测的算法可得到下一时刻的电压电流值，用它们和给定值进行对比经优化性能函数（价值函数）便可得到误差最小的一组数据从而进行输出。

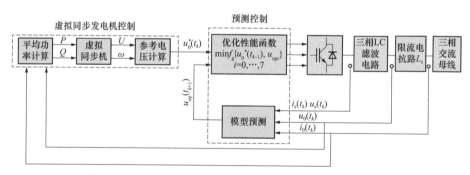

图 7-40　基于模型预测的虚拟同步发电机控制整体流程

如图 7-41 所示为整个虚拟同步发电机的主电路控制拓扑图，在其基础上加入模型预测控制的算法，便是对电压电流双环控制的环节进行替换。将双环结构的 PI 调节算法改成用模型预测的控制算法，相比之下，模型预测对比双环控制可更快地让系统达到稳态对整个系统进行更有效的控制。

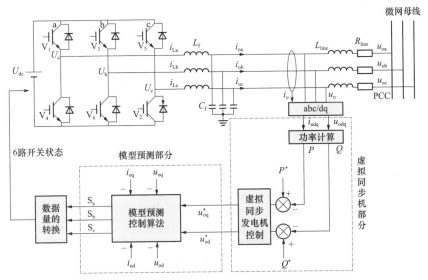

图 7-41 基于模型预测的虚拟同步发电机电路拓扑图

在整个系统中根据所采到的电压电流值通过虚拟同步发电机部分算出电压的给定值,而模型预测便是根据所采值和给定值得到最优的下一时刻电压电流值给到逆变器的门极完成整个闭环控制系统。

7.4.3 基于 MPC 的虚拟同步发电机仿真与实验分析

7.4.3.1 并网电流型模型预测控制仿真

仿真采用单台电流模型预测控制逆变器直接并网运行的结构。逆变器滤波电感 $L=12\text{mH}$。其拓扑结构如图 7-42 所示。

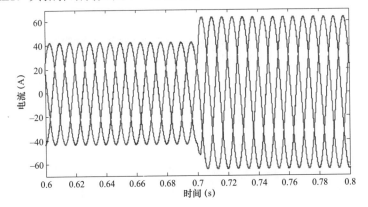

图 7-42 电流型模型预测控制逆变器电流波形

并网状态下，有功功率给定值最初设定为 20kW，在 0.5s 将有功功率给定值升至 30kW，其中无功功率的给定值一直设为 0kW，其电流如图 7-42 所示。能够看出，在突增功率给定时，系统电流能够快速到达稳定值，并且波形没有明显畸变。如图 7-43 所示为系统频率波形，在系统 0.4s 前，系统有小幅频率振荡。可以看出系统频率与电流均保持稳定，电压始终保持电网电压值，电流型 MPC 逆变器能可靠为大电网传输能量。

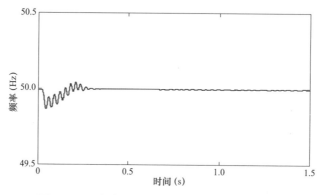

图 7-43　电流型模型预测控制逆变器频率波形

如图 7-44 所示为电流型 MPC 逆变器与传统 PI 控制逆变器有功功率对比，如图 7-4 所示 5 为电流型 MPC 逆变器与传统 PI 控制逆变器无功功率对比，对比均保持在同一条件下运行。其中，电流 MPC 逆变器有功功率响应速度非常快，而传统 PI 控制逆变器约需要 0.15s 完成控制调节，稳态效果上看，电流 MPC 逆变器功率稳定后波动振幅约为 50W，传统 PI 控制逆变器稳定波动振幅约为 250W。

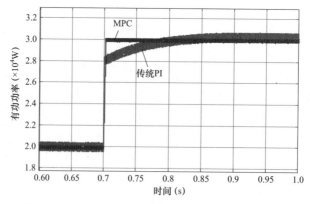

图 7-44　电流 MPC 与传统 PI 控制有功功率对比

图 7-45 中，电流型 MPC 逆变器无功功率在 0.7s 时几乎无波动，而 PI 控制逆变器在有功突增时，无功也会产生耦合反应，需要 0.3s 时间重新调节。并且，电流 MPC 稳态波动约为 150var，PI 控制稳态波动约为 350var。由此得出结论，电流 MPC 在稳态、动态性能上对比传统 PI 控制均有较好表现，且耦合效果比 PI 控制效果更好。

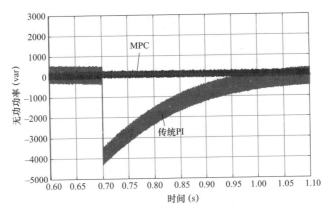

图 7-45　电流 MPC 与传统 PI 控制无功功率对比

7.4.3.2　基于模型预测控制的虚拟同步发电机控制策略

如图 7-41 所示，在虚拟同步发电机控制中改进模型预测控制作为传统 PI，其电路拓扑如图 7-38 所示。仿真针对改进与传统 PI 的 VSG 控制策略进行对比展示。其中，基于 MPC 的虚拟同步发电机控制滤波电感 $L_1 = 0.25\text{mH}$，滤波电容 $C_1 = 24.6\text{mF}$。传统 PI 的虚拟同步发电机控制滤波电感为 $L_2 = 2\text{mH}$，滤波电容 $C_2 = 1.5\text{mF}$，并且其电压环比例系数为 0.55、积分系数为 350，电流环比例系数为 20。两种控制虚拟同步发电机环节采用相同参数，排除其可能产生的影响。转动惯量 $J = 0.2$，励磁系数 $K = 7$，有功功率下垂系数为 15，无功功率下垂系数为 2000，该部分参数与第 2 章相同。

仿真中，两台虚拟同步发电机逆变器分别同时带有功功率 10kW，无功功率 0var 的线性负载运行，并在系统运行到 0.5s 时再切入 8kW 有功负载，观察系统有功功率突增带来的影响。

如图 7-46 所示为模型预测的虚拟同步发电机逆变器电压波形，如图 7-47 所示为模型预测的虚拟同步发电机逆变器电流波形，如图 7-48 所示为模型预测的虚拟同步发电机逆变器频率波形。从上三张图能够看出，系统电压能够保持稳定，且在功率突变时仍然能够保持在国家标准范围内。

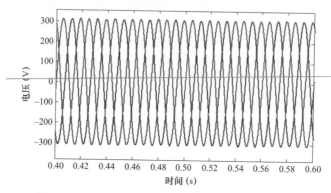

图 7-46 基于模型预测的虚拟同步发电机电压波形

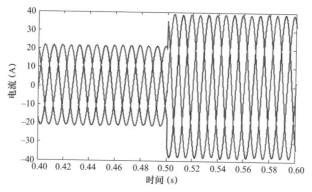

图 7-47 基于模型预测的虚拟同步发电机电流波形

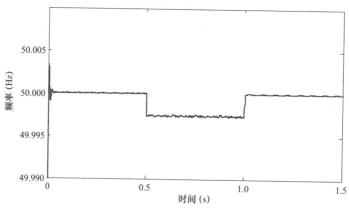

图 7-48 基于模型预测的虚拟同步发电机频率波形

如图 7-49 所示，基于模型预测的虚拟同步发电机稳态与传统虚拟同步发电机表现基本类似，放大后的前者效果表现更好。尤为突出的是，在 0.5s 及 1s 负载突变时，改进算法能够准确达到稳定值，可见暂态效果更佳突出。如图 7-50 所示为无功功率对比图，能够看出在 0.5s 时有功功率负载突加后，系统无功功率都没有明显波动，但在 1s 减载时会有明显的无功功率尖峰出现，且两种控制算法表现效果基本一致。

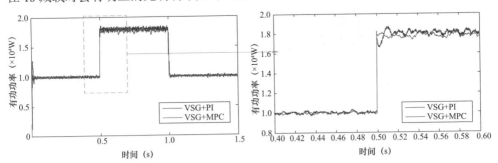

图 7-49　基于模型预测的虚拟同步发电机与传统虚拟同步发电机有功功率对比

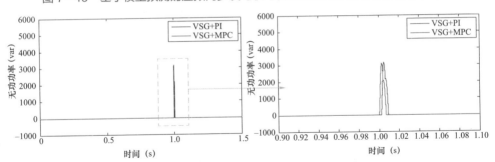

图 7-50　基于模型预测的虚拟同步发电机与传统虚拟同步发电机无功功率对比

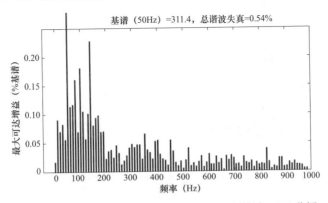

图 7-51　0.4s 时传统虚拟同步发电机控制算法 FFT 分析

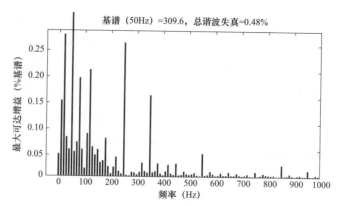

图 7-52　0.4s 时基于预测控制的虚拟同步发电机控制算法 FFT 分析

如图 7-51、图 7-52 所示为 0.4s 两种控制的 FFT 分析图，0.4s 时系统已处于稳定阶段，传统控制算法畸变率为 0.54%，而预测控制算法则为 0.48%，畸变率有小幅提升，但系统的电压将会产生较小的固定偏差，该现象与模型预测控制的预测精度有关。如图 7-53、图 7-54 所示为 0.5s 两控制 FFT 对比，在 0.5s 时由于有负载突增，系统电压将会产生较大的畸变，传统算法的畸变率为 2.82%，而预测控制算法依然为 0.48%。该仿真验证了模型预测控制在负载突变过程中电压仍能够保持不变，即模型预测控制对电压环速度的有较快提升，而调节虚拟同步发电机相应参数能够保证系统功率仍然与传统 VSG 控制保持暂态一致，该方法能够保证在电压环速度较快反应的情况下，功率环仍能够保证正确输出惯性后的电流。

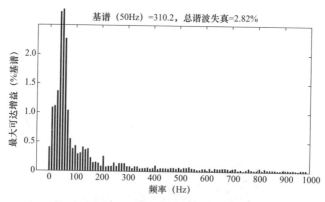

图 7-53　0.5s 时传统虚拟同步发电机控制算法 FFT 分析

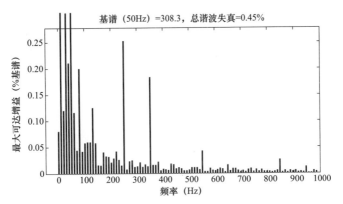

图 7-54　0.5s 时基于模型预测的虚拟同步发电机控制算法 FFT 分析